行家

从古至今，碧玺都是珠宝收藏者的首选，碧玺的名称来源于它的工艺名称，"碧"代表绿色，"玺"象征帝王。古希腊神话中，碧玺是普罗米修斯留给人间的火种化身；古埃及传说里，碧玺是沿着地心通往太阳的一道彩虹。在西方，碧玺作为权力之石被达官显贵佩戴；在中国，碧玺因"辟邪"的谐音而备受追崇，它被誉为落入人间的彩虹仙子，拥有变幻无穷的色彩和深邃的文化价值。

碧玺经历过大唐帝国的兴盛，也见证了清皇朝的衰败。唐太宗曾在征西时得到碧玺，并刻成玉玺印章。明永乐年间，斯里兰卡国王向明成祖朱棣献宝，其中就包括宝石碧玺。时至清代，碧玺曾为一品、二品官员顶戴花翎上的朝珠，满族人把碧玺做成衣服扣子，以显地位尊崇。碧玺是慈禧太后的最爱，她曾每年让宫廷买办到美国圣地亚哥大量采购碧玺石。在其殉葬品中，就有一枝碧玺琢刻的莲花和一个西瓜碧玺做成的枕头。故宫博物院藏有碧玺旧物，其中朝珠上挂的一颗红碧玺，现已成为无价珍宝。

目前，由于时尚界追捧彩色宝石，且碧玺采矿业迅猛发展，位于南美原产地的宝石托拉斯有意推动碧玺部分取代红蓝宝石，成为消费市场主流宝石产品。

笔者从开始接触宝玉石鉴定这个专业，就深深迷恋上了彩色宝石，碧玺那丰富多彩的颜色与品种更是让我欲罢不能。毕业后我

来到武汉工程科技学院珠宝与设计学院担任一名专职教师，教授与宝玉石鉴定的相关课程。闲暇时间，我也会多次深入市场了解宝玉石市场的原料加工、批发、零售等相关情况，同时在周围亲朋好友的要求下，也会帮他们或者珠宝爱好者们寻找一些品质优良、物美价廉的珠宝玉石。在与他们交流的过程中，切实感到目前的珠宝消费者们珠宝知识严重缺乏，市场也较为混乱，基本的珠宝知识得不到普及。不仅如此，很多非常不科学的鉴定方法却在网络上广为流传。尤其对碧玺这类常见却十分流行的彩色宝石，很多消费者常常由于不了解碧玺最基本的特性或品种价格等而上当受骗，因此，才促使我有了写这本书来对碧玺的基本知识进行科普的想法。

本书旨在通过介绍碧玺的基本知识，包括宝石学性质、品种、产地、鉴定、购买投资注意事项等，用较为通俗易懂的语言对碧玺的来源分类、价值评估、真伪辨别、收藏鉴赏等实用信息进行尽可能详细和全面的系统讲解，力求让国内的广大碧玺收藏爱好者能够通过阅读此书，全面正确地了解、认识碧玺，一同揭开碧玺的面纱，让咱们每个收藏爱好者都能购买、收藏到自己心满意足的碧玺珠宝。

自然界是神奇而奥妙无穷的，我们人类的认知也十分有限并带有片面性，碧玺知识的研究和探索也在进一步进行着，因此本书难免会存在一些局限性或不足的地方，希望借由此书作为抛砖引玉，不足之处还请各位专家不吝赐教，谢谢。

CONTENTS 目 录

市场
实战

CONTENTS 目　录

专家
答疑

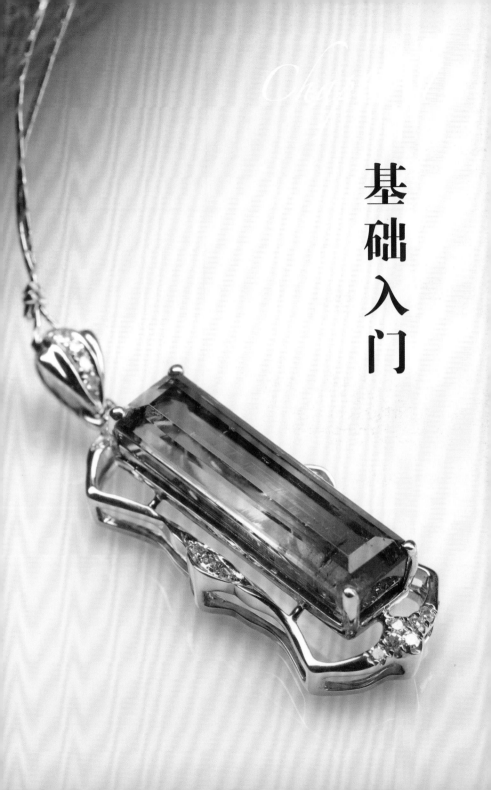

基础入门

何谓碧玺

我们曾埋怨矿石界万年黑白灰的主色调，最终却叹服于宝石的色彩纷呈。在彩色宝石中，碧玺一族的颜色众多，霓蓝玫红瑰丽美艳，浅碧薄晕娇俏可人，更是当之无愧的佼佼者。

2000年前后，碧玺在珠宝市场上姗姗来迟，之后几年，随着珠宝及收藏市场的发展，碧玺因其绚丽的色彩，诱人的光泽，一跃成为最受人们喜爱的彩色宝石之一。如今的碧玺市场更是愈发走俏。

碧玺又名"碧硒""碧洗"，宝石级碧玺是一种透明坚硬的彩色宝石，具有明亮如玻璃般的光泽，高饱和度的颜色，很受大众青睐，和欧泊一起被人们誉为10月的生辰石，象征着安乐与欢喜。

▲ 绿色碧玺原石

▲ 粉色碧玺原石

碧玺色彩众多，在市场上常见到的颜色有酒红、玫红、粉红、浓绿色、蓝绿色、蓝色等，具有独特电光蓝色的宝石帕拉伊巴，便是碧玺家族的一员。

碧玺的发源及历史

这种质地坚硬而色泽鲜艳的宝石最早被人们认作祖母绿。17世纪，巴西向欧洲出口了长柱状深绿色碧玺，被称作"巴西祖母绿"。直到18世纪，荷兰阿姆斯特丹的几名小孩子在把玩这种石头时，意外发现碧玺能够吸附或排斥细小灰尘或草屑，于是在荷兰，碧玺又被称为"吸灰石"。1768年，瑞典科学家经实验发现碧玺同时带有压电性和热电性，故碧玺的矿物学名称为电气石。电气石是矿物界唯一同时带有压电性和热电性的矿物，因此被认为对人体局部微循环具有良好功效。

我国利用碧玺的历史久远，碧玺最早在唐朝传入中国，贞观十九年（645），唐太宗西征得到碧玺，喜爱至极，雕刻成御用印章收藏。明代，皇室在云南腾冲设有碧玺御用官办采购。时至清代，碧玺更成了财富与地位的象征，用于官员朝珠及一、二品官员和王亲贵族顶戴花翎的材料之一，同时用作妃嫔顶的材料。《清会典图》云："妃嫔顶用碧亚么。""碧亚么"便是碧玺。碧玺在古代又被称为"碧硒""碧洗""碧霞希"，虽名字不同，但大都谐音"辟邪"。古代人多用玉做平安符，到了明清时代，碧玺也被作为辟邪的宝石，因此皇宫贵族亦常将其雕刻成摆件

▶清·碧玺十八子手串

▲ 清·嵌粉红碧玺金质带扣

尺　　寸：长85毫米，重186克

此带扣呈圆角方牌形，为金质底托。托上嵌粉红色碧玺，周围镶嵌一排粉色珊瑚珠与弯月青金石，外绕纽绳纹一周。带扣背部为珍珠纹地上盛开的西番莲花，两端各焊接金条，用以结绳系扣。

或制成饰物佩戴，以此表达美好的祈愿。到民国时期，才统称为"碧玺"。"碧"意味宝石清澈坚硬，"玺"意味帝王专用的高贵。由此可见人们对这种美丽宝石的信赖与喜爱。

碧玺的矿物学名称及组成

碧玺矿物学名称为电气石，是一种极复杂的链状硼硅酸盐，化学式为 (Na, K, Ca) (Al, Fe, Mg, Mn)$_3$ (Al, Cr, Fe, V)$_6$ (BO$_3$)$_3$ (Si$_6$O$_{18}$) (OH, F)$_4$，可简写成 NaR$_3$A$_{16}$B$_3$Si$_6$O$_{27}$ (OH)$_4$。按照化学成分可将其分为4类。分别是镁电气石、黑电气石、锂电气石和钠锰电气石。镁电气石–铁电气石可形成完全类质同象系列，镁电气石和锂电气石之间不形成类质同象替换。其中，色泽鲜艳、透明干净者可达到宝石级。

❖ 碧玺的结晶学特征

碧玺属三方晶系，没有对称中心。

对称中心是晶体的对称要素，如取一个假想的位于晶体中心的点，通过此点做任意直线，都可在距此点等距离的两端找到对应点。那么我们说这个晶体具有对称中心。而碧玺晶体的特征之一，就是没有这个对称要素存在。对于晶体的对称，不仅在外观上看到其具有几何形态的面、棱和角等表现出有规律的重复，更体现在它的物理、化学以及光学性质上。

这种结晶学特质导致当碧玺晶体沿某些方向受应力作用时，能够产生相反的电荷，即压电性。同时，在碧玺宝石温度改变时，会在晶体两端产生相反的电荷，即热电性。碧玺是自然界唯一同时具有压电性和热电性的矿物，所以有些人相信，佩戴这种宝石，会对人体的局部循环产生良好的促进作用。

碧玺的晶体常生长成长柱状，常见晶形有三方柱、六方柱、三方单锥以及复三方单锥。碧玺晶体较易被识别出，在拿到碧玺晶体时我们常可以观察到，柱状晶体的两端不对称，常为形状不同的晶形。同时，仔细观察晶体柱面，可以看到平行于柱面的纵纹。如果碧玺晶体垂直柱面断裂开，可以看到横断面呈特征性的球状三角形。这些都是碧玺晶体的主要识别特征。

▲ 束状碧玺原石

▲ 多种形状的碧玺原石

碧玺也可以由同种矿物的多个单体构成聚集集体，即集合体的形式产出。有时可见许多柱状碧玺单体围绕某一中心成放射状地排列，形如菊花，独特精致。有的碧玺单体聚集按单一方向生长，呈现束状、棒状，排列有序。还有的亦呈致密块状或隐晶质块体，柔滑细致。碧玺的集合体常被作为观赏石收藏，深得矿物学家及各类奇石收藏者喜爱。

❀ 碧玺的光学性质

1. 颜色

碧玺是自然界中颜色最丰富的矿物之一，可呈现红、玫瑰红、粉红、绿、蓝绿、蓝、黑以及无色等多种颜色。其颜色成因主要是碧玺宝石矿物中所含其他元素引起的颜色。因此碧玺在十分纯净时为无色，但极其少见。碧玺的颜色随成分而异，富含铁的碧玺呈暗绿、深蓝、暗褐或黑色；富含锂、锰和铯的碧玺，呈玫瑰红色，亦可呈淡蓝色；富含铬的碧玺呈绿色，富含镁的碧玺为黄色或褐色。

▲ 碧玺裸石

共5.565克拉

五颗圆形碧玺裸钻，包含了黄色、绿色、红色三种颜色。裸石切割精细，颜色绚丽。

2. 光泽及透明度

碧玺为玻璃光泽，呈透明至不透明形态。

3. 特殊光学效应

特殊光学效应主要有猫眼效应、星光效应、变色效应、变彩效应等。碧玺中可见的有猫眼效应和变色效应。猫眼效应表现为弧面切割的宝石表面，呈现一条明显的亮带，可随着宝石或光线的移动而移动，市场上常见红色、蓝色、绿色的碧玺猫眼。变色效应是宝石在不同光源下，呈现明显颜色变化的现象，多为绿色或蓝色碧玺，在自然光下呈蓝绿色，在钨丝灯下呈暗红色，不过这种效应在碧玺中很少见。

▲ 18K白金镶嵌碧玺猫眼戒指
主石重28克拉
天然的碧玺猫眼，眼线明晰，张合有度，灵动锐利，配以钻石，更显珍奇华贵。

4. 多色性

碧玺具有中等至强的二色性，多色性的强弱与宝石体色有关，一般颜色越深，多色性越强。红色碧玺多色性一般为红色—黄红色；绿色碧玺的多色性为蓝绿色—黄绿色。

▲ 清中期·黄碧玺念珠

▲ 清中期·蓝碧玺念珠

5. 折射率

碧玺的折射率为1.624~1.644（＋0.011，－0.009），其折射率随铁、锰的含量增加而增大。碧玺双折射率为0.018~0.040，通常为0.020。

❉ **碧玺的力学性质**

碧玺的密度为3.06（＋0.20，－0.60）克/厘米^3，密度随铁、锰的含量增加而增大。摩氏硬度为7~8，次于钻石、红蓝宝石以及托帕石。

❖ 包裹体

宝石在复杂而严酷的地质环境中形成，外来杂质的混入以及在宝石形成过程中温度、压力等外界环境的变化，都会在宝石内部留下一定的痕迹，这就是我们所说的包体。有些包体是宝石天然生长的标识，有些包体则可以提供宝石产地信息，还有的包体是判断宝石种类的重要特征。

碧玺形成环境复杂，包裹体普遍存在。碧玺内含有典型的不规则的线状、管状包体，有时还可见暗色的晶质包体，偶见星点，无规则分布。

绿色碧玺中，含有大量如丝状、"撕扯状"的气液两相包体，看起来如棉絮如流云，通常分布于整个晶体当中。这种包体在很多素面碧玺戒面以及碧玺珠串中比较常见。

▼ **碧玺手串**
此手串颜色多样，通透度较高，珠粒中可见到棉絮状包裹体。

　　红色碧玺内部含有许多与晶体长轴平行的裂纹，这些裂纹中常常被气液态的包裹体所充填，此外还有发丝状的液态包裹体。

　　部分碧玺内部还可以见到大量平行的纤维，通过特殊加工可以出现猫眼效应。

▼ **红碧玺镶钻戒指**
　　主石重17.3克拉
　　此戒指主石中包含发丝状液态包裹体。

碧玺的种类

　　碧玺家族色泽艳丽，种类繁多，还会出现猫眼等多种光学效应。宝石学家根据颜色和光学效应将碧玺划分成不同的品种。

按照颜色分类

　　1. 红碧玺（Rubellite）是粉红至红色碧玺的总称。在这个类别里，可以见到红宝石般艳丽高贵的血红玫红，也可以看到似新嫁娘胭脂般的浅红粉晕。红碧玺中以玫瑰红色和紫红色为质量上乘，大颗粒者更优，价格昂贵，常被各珠宝品牌作为设计的点睛之笔。优质粉红色碧玺主要产于美国。优质红色碧玺主要产于巴西、俄罗斯，其中，俄罗斯乌拉尔所产的优质红碧玺有"西伯利亚红宝石"之称。

▶红碧玺吊坠

这三款红碧玺吊坠从粉红色到血红色，色泽亮丽，各具特色。

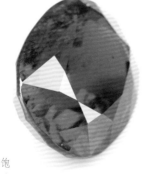

▲ 红碧玺裸石

46.08克拉

红宝级碧玺裸石，颜色饱满，切工精细，火彩浓郁，内部可见气液包体。

2. 绿碧玺（Verdelite）是黄绿色至蓝绿色、深绿色、棕绿色碧玺的总称。其中，因为铬元素致色的铬碧玺，其颜色如祖母绿，色泽饱满浓郁，充满生机，为最好，黄绿色次之。

▲ 18K白金镶嵌方形天然绿碧玺吊坠
主石重41克拉
方形切割的绿色碧玺完美地呈现其饱满的颜色。碧玺内部纯净，吊坠整体简约时尚。

▲ 18K金镶嵌蓝绿色碧玺吊坠
主石重76.5克拉
此吊坠以蓝绿碧玺镶嵌钻石而成，碧玺颜色清丽，钻石光泽璀璨，款式简洁典雅。

▲ 铬色碧玺裸石

共2.175克拉

碧玺颜色浓郁稳重，个体精巧，切割精细。

▲18K白金镶嵌碧玺项链

主石共重154.5克拉

碧玺项链使用70颗大小不一的碧玺经不规律镶嵌而成，碧玺色泽浓郁，祖母绿式切割，使其光彩夺目。项链设计新颖，让人爱不释手。

3. 蓝碧玺（Indicolite）是浅蓝至深蓝色碧玺的总称，因蓝色碧玺罕见，大多较为昂贵。

▲18K白金蓝碧玺吊坠

主石重23.53克拉

此吊坠主石颜色幽蓝深邃，清澈无瑕。采用长方形切割，四周以钻石、彩色蓝宝微镶，与洁净的主石形成质感和色彩的对比映衬，美轮美奂。

在所有蓝色碧玺中，最著名的当属巴西产的帕拉伊巴碧玺（Paraiba）。这种碧玺具有独特的饱和度很高的电光蓝色，且比一般碧玺具有更高的火彩，经过精心的切割，几乎能呈现出一种不夜城中霓虹璀璨之美。在宝石界，几乎所有人都对这种璀璨而独特的蓝色一见倾心。因而，当1989年这种由铜致色的霓蓝色碧玺，首次在美国图桑珠宝展上亮相时，短短一周，便从每克拉不到200美元飞增至每克拉2000美元以上。且由于帕拉伊巴碧玺产量稀少，且目前仅在帕拉伊巴、莫桑比克、尼日利亚有产出，质优者更是罕见。如今，极品帕拉伊巴碧玺的价格甚至超越了一些红宝石、蓝宝石、祖母绿的价格。在2012年，巴西本地所产的质优者宝石价格已经达到1万美元每克拉，一跃成为世界上最昂贵的宝石之一。

◀天然帕拉伊巴碧玺裸石
11.50克拉
该碧玺裸石颜色艳丽，呈霓虹绿蓝色，
内部十分洁净。

▶帕拉依巴碧玺配钻石戒指

▲18K金镶嵌湖蓝色帕拉伊巴碧玺项链

主石重103.86克拉
宝石呈椭圆形，颗粒硕大，闪烁着迷人的霓虹光彩，未经热加工处理，属于顶级收藏品。

4. 多色碧玺 在一个碧玺单晶上因出现色带或色环，而带有两种及以上颜色碧玺的总称。

碧玺是一种复杂的硅酸盐，因不同的致色离子，会生成不同的颜色。部分碧玺在同一晶体上还会同时出现三种颜色，这种双色或三色碧玺娇俏可人，别具一格，深受众多碧玺收藏者的喜爱。但收藏多色碧玺时应注意，晶体的颜色应要求纯正均匀，色带、色环分界清晰。

▲ 天然无加热处理双色碧玺裸石

▲ 18K金钻石双色粉碧玺项坠

▲ **碧玺原晶体项链**

　　此项链选择碧玺原晶体进行简单抛光处
理穿制而成，形制古朴自然，晶体颜色
丰富，个别珠粒集多种颜色于一体，表
现出灵动自然的美。

▼ 双色碧玺吊坠

此吊坠清透莹亮，切工精细，晶莹剔透更显
光彩夺目，灵气俊雅，充满现代奢华艺术感
与独特审美乐趣。

按照特殊光学效应划分

1. 碧玺猫眼

碧玺猫眼在切割成弧面型的表面有一条明亮光带，随着宝石或光线的移动，亮线也会发生移动，如同猫咪的眼睛。常见的碧玺猫眼为绿色，少数为红色、蓝色。

2. 变色碧玺

变色碧玺能在日光下显示蓝绿色，在钨丝灯下为红色。但较为少见。

▲ 金黄猫眼碧玺吊坠
主石重17.45克拉

▶ 猫眼碧玺胸针

▲ 猫眼蓝碧玺耳坠、戒指

主石重26.97克拉

猫眼蓝碧玺颜色鲜艳饱满，清透中流露出一股亲切，在钻石与粉蓝宝石的相互映衬下，给人自由及喜悦之感。极其灵活的群镶工艺，使整个作品更加灵动。

▲ 猫眼碧玺 "蜜蜂" 胸针

此胸针以红色和绿色猫眼碧玺为主石设计，猫眼眼线明晰，光泽细腻，整体造型俏皮灵动，令人爱不释手。

▲18K白金镶嵌天然绿色猫眼碧玺吊坠

碧玺的产地概述

碧玺多产于花岗伟晶岩及气成热液矿床中，一般黑色碧玺形成于温度较高的矿床；绿色、粉红色碧玺一般形成于温度较低的矿床。碧玺作为花岗伟晶岩的矿物组成成分，因此，其成矿也应在花岗伟晶岩分布广泛的地区。

国外产地概述

在世界范围内，有许多国家盛产碧玺，如巴西、斯里兰卡、缅甸、前苏联、意大利、肯尼亚、美国等。其中巴西的米纳斯克拉斯州产出的彩色碧玺占世界碧玺总量的 50%～70%。在巴西的帕拉伊巴州还发现了罕见的紫罗兰色、蓝色碧玺，被命名为"帕拉伊巴"碧玺，这种碧玺以其独特的颜色和致色原理（铜元素致色）以及稀有性而闻名于世。此外，巴西产出的优质蓝色透明碧玺被誉为"巴西蓝宝石"，同时还出产红色、绿色碧玺和碧玺猫眼；美国则以出产优质的粉红色碧玺而著称；俄罗斯乌拉尔出产的优质红碧玺有"西伯利亚红宝石"（Siberian—ruby）之称；意大利则以产无色碧玺而闻名。

巴西是全世界最大的宝石出产国，这里彩色宝石的产量占全世界总产量的 65%左右。出产的宝石量大且优质，如红碧玺、托帕

▲ 阿富汗碧玺项链

此项链碧玺珠粒产自阿富汗，晶体透明度高，色泽艳丽，产量稀少的蓝色碧玺也在其中。

◄ 粉红色碧玺耳坠

主石共重约114.65克拉

粉红色碧玺色泽靓丽，设计精巧，配以小钻，镶铂金，更显青春靓丽的气质。

石、海蓝宝、祖母绿等。巴西还出产一种神秘的带电光的帕拉依巴
（Paraiba）碧玺，颜色美艳之极，每克拉的售价可以达到数万美
元，但仍旧远远不能满足市场需求。帕拉依巴碧玺因其产量异常稀
少、含金属元素铜、色泽独特、闪烁通透、独具荧光效果等迷人特征
被尊为"碧玺之王"。即使2000年在莫桑比克和尼日利亚发现新矿
脉以后，帕拉依巴碧玺的产量也仅为天然钻石全球年产量的一千分之
一，而最具价值的土耳其蓝色帕拉依巴碧玺更是罕有。

▲ 白金镶碧玺及钻石戒指
主石重5.54克拉
帕拉伊巴特有的顶级霓虹色在任何光线下佩戴永远熠熠生辉、璀璨夺目。此戒指主
石为莫桑比克出产的霓虹蓝绿色帕拉伊巴碧玺。椭圆形切割帕拉伊巴珍稀碧玺与圆
型明亮式钻石相映成辉。其优雅的蓝绿色与霓虹电光交织在一起，有着不同于其他
碧玺的丰富色彩。

▲ 帕拉伊巴碧玺吊坠及钻石项链

主石重约12.21克拉

此吊坠为椭圆形改良明亮式切磨，周围镶铂金及钻石，使帕拉伊巴的霓虹光泽越发靓丽。

·国内产地概述·

　　我国碧玺的主要产地是新疆阿勒泰、内蒙古乌拉特中旗和云南高黎贡山，颜色品种十分丰富。

　　新疆是我国碧玺最为重要的产地，绝大多数产于阿勒泰、富蕴等地的花岗伟晶岩型矿床中，其次为昆仑山地区和南天山腹地。新疆碧玺色泽鲜艳，红色、绿色、蓝色、多色碧玺均有产出，晶体较大，质量比较好。新疆也产出"西瓜碧玺"，颜色成环状分布，外环为墨绿色、核心为红色，或外环为黑色、内部为桃红色。

▲ 西瓜碧玺裸石
7.925克拉

▼红碧玺镶钻戒指

▲ 18K白金镶嵌红绿西瓜碧玺吊坠

主石重140.14克拉

吊坠主石为天然西瓜碧玺，颜色鲜艳、明亮，光泽柔和，质地细腻自然。3颗绿色碧玺雕成绿叶作为衬托，使吊坠整体越发美丽。

　　内蒙古是我国碧玺的重要产地之一，分布于乌拉特中旗角力格太等地。质纯者无色、透明。多出产绿色，翠绿色、蓝绿色、浅绿色、黄绿色、草绿色、天蓝色、深蓝色、黑色、桃红色、玫瑰红色、浅黄色、橘黄色、棕黄色以及多色碧玺。晶体的透明度与其大小有关，一般晶体越小，透明度越高。研究和加工表明，内蒙古出产的碧玺质地优良，以绿色碧玺为最。

▲ 浅绿色碧玺裸石

11.85克拉，10.05克拉，8.05克拉

三颗浅绿色碧玺颜色深浅程度不一，通透度高，内部纯净，切割精良。

▲ 黄碧镶钻戒指
主石重27.65克拉
黄色碧玺颜色匀称，椭圆形切割使其更加闪
亮。晶体内可见气液包体。

云南优质碧玺主要产于高黎贡山变质带，此外，澜沧江变质岩带、哀牢山变质岩带也有产出。高黎贡山变质带处于欧亚板块、印度板块和太平洋板块的汇聚部位。碧玺矿分布于元古界高黎贡山群深变质带，区域地层南北展布，由各类混合岩、变质岩组成。混合岩化强烈，变质程度深，花岗岩、基性超基性小岩体沿带断续出露，喜山期伟晶岩脉沿区域构造线成群分布，是宝玉石生长的主要场所。该带主要碧玺产地有贡山丹珠着、福贡腊吐朵、害扎等地。

贡山丹珠答碧玺矿——该矿点位于县城南怒江西岸，由丹珠村顺沟上约2千米处。碧玺产于石英岩中，少数产于伟晶岩中，多呈绿色、苹果绿，少数为海蓝色，最长达7厘米，少数达宝石级要求。矿床经风化剥蚀成残积堆积，容易开采。

▲ 绿碧镶钻戒指

主石重22.3克拉

绿色碧玺戒面，灵动通透，洋溢出青春的动感。

福贡腊吐朵碧玺矿——该矿床位于福贡县架科底乡腊吐朵村，县城南约20千米，公路东侧平距500米。区内出露的地层为高黎贡山群的混合岩、变质岩（片岩、片麻岩、变质砂岩等）。细晶岩贯入于片岩中，伟晶岩产在细晶岩中，二者界线不明。伟晶岩脉分带清楚且具对称性，岩脉中心为石英云母岩带，含矿主晶洞即位于此带，向外为石英长石伟晶岩带的接触部位。碧玺主要出产于主晶洞中，此处出产4种碧玺：双色碧玺、绿色碧玺、粉红色碧玺和酒黄色碧玺。其晶体直径为3~6厘米，长1~6厘米不等，玻璃光泽，透明至半透明，贝壳状或参差状断口。

▲ **铂金镶绿碧戒指**

绿碧玺色泽浓郁，品质极佳，长方形琢型周围配以钻石作为点缀，整体造型尽显高贵大气及典雅之风。

双色碧玺一般根部为淡红色、玫瑰红色，裂纹多；顶部为淡绿色、翠绿色，裂纹少，多数情况下红、绿二色界线模糊，少数色线平整、清晰，优质者为诸类型碧玺中的佳品。

▲18K白金镶双色碧玺吊坠

◀18K白金镶金粉色碧玺吊坠

▲ 黄碧玺吊坠

此黄色碧玺硕大饱满，极为少见，镶嵌一豹子头，张扬个性，韵味十足。

绿色碧玺多数绿中带蓝，给人以"闷色"之感，纯绿者极少，是碧玺中的珍品，其色泽纯正柔和，清澈纯净。

粉红色碧玺透明度高，晶体粗大完好，裂纹较多。

▶ 18K白金镶绿碧玺钻石吊坠

此绿色碧玺色泽浓郁，内部清澈，透明度高，周围配以虫、草元素，吊坠风格沉稳大气又不失灵动之感。

▲ 浅粉色碧玺裸石

4.635克拉

碧玺裸石呈浅粉色，通透度高，内部洁净，切割精良，腰棱明显，显示出青春俏皮之感。

　　酒黄色碧玺二色性明显，晶形好，透明度中等，但颜色较淡。

　　福贡害扎碧玺矿——该矿位于福贡县利沙底乡怒江西岸害扎村，围岩为灰色、深灰色薄层至中厚层状板岩（砂泥质薄层碳酸盐岩）。含矿母岩为白色、灰白色中—粗粒黑色电气石花岗混合岩，宝石级电气石产于花岗混合岩的晶洞中，碧玺颜色多样，有暗墨绿色、墨绿色、翠绿色、黄绿色、浅绿色、二色，其中以翠绿色、墨绿色碧玺为优。

▲ 红、黄碧玺配钻石吊坠
吊坠中两颗碧玺采用玫瑰式切工琢型，颜色清透靓丽，透明度尚佳。水滴形连接设计，新颖时尚。

▲ 蒂芙尼绿碧玺钻石吊坠项链
主石重31.79克拉
绿色碧玺颜色清新，美轮美奂，周围配以钻石，更显华丽典雅。此项链附有蒂芙尼品牌印记。

碧玺的加工

　　碧玺的加工款式多种多样，珠宝设计师按照每一颗宝石的特点采用不同的加工方法，使宝石表现出自己最美的姿态。

　　对于透明、颜色艳丽且内部较为干净的碧玺原石，设计师会结合碧玺的颜色、重量、瑕疵和比例将其设计成适合的刻面琢型。常见的刻面琢型主要有明亮式切割、玫瑰式切割、阶梯式切割以及混合式切割。

▲ 圆形红碧玺裸石

4.265克拉

碧玺裸石采用明亮式切割，刻面明显、精细，光线透过可产生绚丽的火彩。

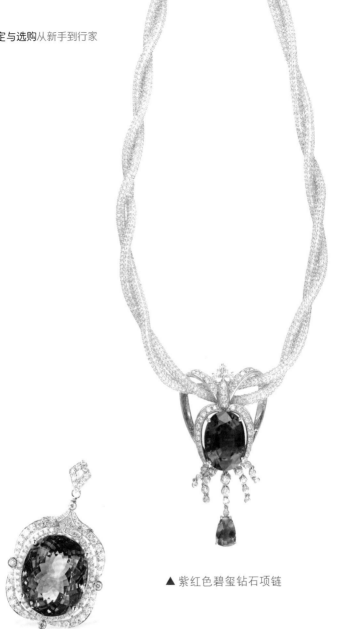

▲ 紫红色碧玺钻石项链

▲ 18K白金镶嵌天然玫红色碧玺配钻石吊坠

主石重**23.97克拉**

吊坠主石颜色清透靓丽，采用玫瑰式切工琢型，折射光线使晶体内部出现一朵盛开的莲花。

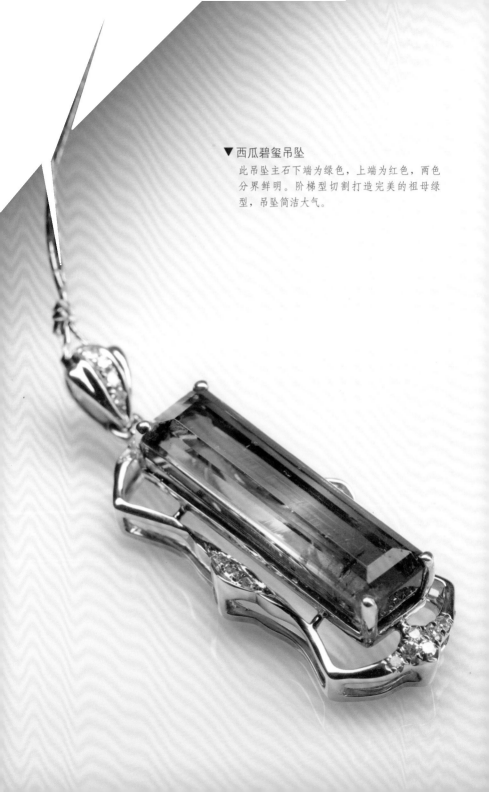

▼西瓜碧玺吊坠

此吊坠主石下端为绿色，上端为红色，两色分界鲜明。阶梯型切割打造完美的祖母绿型，吊坠简洁大气。

▲ 蓝绿色碧玺裸石

13.65克拉

天然蓝绿色梨形碧玺裸石，切割精细，颜色绚丽夺目，极为罕见，内部洁净。

▼ 心形红碧玺裸石

10.625克拉

心形切割的款式来源于古印度，它作为最接近圆形的、最基本的爱的象征符号，由于其接近圆形切割的特色，使它也具有了圆形切割宝石一样的迷人火彩。

对于半透明至透明、颜色艳丽但是内部包体较多的碧玺，刻面型不能够发挥宝石的优势，设计师结合原石的特点，有时会将其设计为弧面型进行切割。常见弧面型的切割有圆形、椭圆形、橄榄形和心形等。我们常见的碧玺手串的琢型，便属于弧面型切割。但碧玺珠串的原料选择，并不拘泥于原石内部包体较多者，许多收藏人士会专门选择干净、透明、颜色艳丽的碧玺晶体制作珠串，制作好的珠串成品玲珑剔透，精致美艳，价值不菲。

▼ 红碧玺吊坠
主石重33.36克拉
此吊坠色泽饱满，红色浓郁，设计简单大方。

▲ 碧玺珠链

　　此珠链为塔链形制，珠粒颜色多样，通透度高，视为低调的华丽。

　　对于具有特殊光学效应的碧玺原石，都会经过特殊的定位设计，并切割成弧面型以保证其光学效应的展现。在碧玺内部有平直的纤维包体，可能具有猫眼效应时，一般采用凸面琢型，且琢型底部平行于碧玺内部的纤维包体，顶部磨制成弧面形，这样可以使进入碧玺的阳光聚集在弧面宝石的顶部，形成一条清晰明亮、活灵活现的猫眼光带。当然，顶部的高度、弧度都会对猫眼光带的亮度、清晰度产生影响，需要专业人士进行具体的定位。

▼猫眼碧玺戒指
　　此碧玺猫眼眼线清晰，肉眼可见内部纤维包体。

对于多色性明显的碧玺原石，在加工过程中必须正确取向，以保证台面方向展示最好的颜色。

碧玺除多色性明显外，加工中还要考虑吸收性。吸收性是指在宝石晶体中，不同方向的颜色深浅不同的现象。碧玺的常光方向吸收程度大于非常光方向。当碧玺原石本身颜色深时，台面应与C轴方向平行；当碧玺原石本身颜色浅时，台面应与C轴方向垂直以达到最佳的颜色效果。

对于颜色分布不均匀的碧玺原石，除了选择正确的方向使台面展示最好的颜色外，同时对于双色碧玺、多色碧玺等还应该保证台面可以看到明显的颜色分区以及色区具体的分布应该迎合市场要求。对于碧玺雕件，加工时除了具体雕工要求外，不同部位不同颜色还可以运用俏色来进行加工。所谓"俏色"，是指在一块宝玉石原料上的颜色被运用得非常巧妙，利用宝玉石的天然色泽进行雕刻。

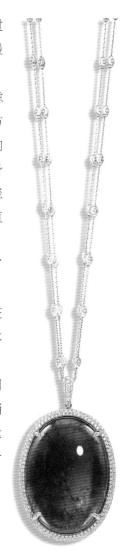

▲ 18K白金镶嵌天然桃红色碧玺项链

主石重83.39克拉

此项链坠主石饱满晶莹，桃红娇艳纯正，设计简约独特，不失华贵。

▲ 多色碧玺连年有余牌

此牌根据颜色位置的不同，巧妙地将三种不同颜色雕刻成莲叶、藕和金鱼，寓意"连年有余"。

▲ 清·双色碧玺螭龙坠

此坠长8厘米，由粉红色和浅绿色双色碧玺雕琢而成，整体略微扁平。主体为灵芝冠形，在灵芝的一面根据颜的差别和不同，以浮雕手法精琢一大一小两条螭龙。螭龙长身狭尾，作攀援状，其中小者攀附于大者背上，状若父子。在灵芝的芥蒂处和灵芝的背面，分别雕有两只飞行的蝙蝠，形象小巧，身形灵活。整器雕工精湛，打磨光洁，质地轻盈如水，在光线的映衬下，焕发着耀眼的光芒，令人着迷，难以释手。

Chapter 2

鉴定技巧

碧玺的鉴定方法

　　目前，市面上从时尚界到普通人群都对彩色宝石青睐有加，碧玺作为彩色宝石中一种重要的宝石品种更是受到大家的热切追捧。它颜色品种十分丰富，价格也不像红、蓝宝石那样高昂，因此更容易为普通人所接受。然而很多人购买碧玺都是十分盲目的，不懂如何鉴定也不知道怎么区别划分它们的品质，那必然会吃亏上当，常常买到染色水晶仿冒碧玺或者高价买到低档碧玺等，下面就从几个方面来介绍一下碧玺的鉴定方法。

▲ 红碧玺吊坠

▲ **碧玺手串**

此碧玺手串珠粒光洁匀称，透明度高，颜色丰富，其中不乏蓝色碧玺珠粒。

· 认准权威的鉴定证书 ·

大家在珠宝店或者其他渠道购买碧玺时，可认准权威的鉴定证书。很多珠宝首饰在销售的时候会配有鉴定证书，这能让消费者感到放心。的确如此，权威机构出具的鉴定证书是宝石真伪的保证，可以作为消费者重要的参考因素，购买时也方便许多，只需要认准证书就可以，不需要自己鉴定宝石。但是，目前市场上的检测机构很多，水平参差不齐，甚至有一部分检测机构根本不具备基本的检测资质，因此，并不是所有的证书都值得信赖。

❀ 鉴定证书上的标志

目前国内最权威的珠宝玉石检测机构当属国家珠宝玉石质量监督检验中心（National Gemstone Testing Centre，NGTC），简称国检。

国检证书分为纸质卡式、纸质折叠式和皮质折叠式三种。需要特

别注意的是，很多国字头的珠宝检测机构都简称自己为"国检"，但它们不是真正业界普遍认可的国检，真正权威的国检只有NGTC。当不同检测机构的鉴定结果出现差异时，NGTC也是最终的仲裁机构，具有绝对的权威性。

除了国检之外，中国地质大学珠宝检测中心及由各地质量技术监督局授权的省级珠宝玉石检测中心也是值得信赖的机构。这些机构颁发的证书上都有中国计量认证标志（CMA）、产品质量监督检验中心授权标志（CAL）和中国合格评定国家认可委员会国家实验室认可标志（CNAS）。

CMA的中文含义为"中国计量认证"，是"China Metrology Accreditation"的缩写，它是根据中华人民共和国计量法的规定，由省级以上人民政府计量行政部门对检测机构的检测能力及可靠性进行的一种全面的认证及评价，具有法律效力。该认证制约所有对社会出具公正数据的产品质量监督检验机构及其他各类

▲ 中国计量认证CMA标记

实验室。认证标志由"CMA"三个英文字母组成的图形和该中心计量认证证书编号两部分组成。

▲CAL认证标记

CAL是质量监督检验机构认证符号，是国家质量监督部门授予的权威性质量监督检验机构使用的授权标志，可以承担国家行政机构下达的法定的质量监督检验任务，也可以出具权威的检验报告。授予前该机构必须经过CMA计量认证，否则不能授予。CAL的检验范围一定要看授权范围，

▲ 中国合格评定国家认可委员会认证标记

并非任何产品或项目都能检验，都能带有CAL标记。

CNAS是China National Accreditation Service for Conformity Assessment的简称，全称是"中国合格评定国家认可委员会"，"CNAS"标志表明质检中心的检测能力和设备能力通过中国合格评定国家认可委员会认可。我国实验室认可机构是国际实验室认可合作组织（ILAC）的正式会员，并签署了多边承认协议（MRA）。这为逐步结束国际贸易中重复检测的历史，实现产品"一次检测、全球承认"的目标奠定了基础。不少有CNAS标志的证书上同时具有国际互认ilac-MRA标志。

作为一名普通的消费者，也许你无法准确判定证书的优劣，但至少应该注意两点：第一，证书上应该有上述相应的各种认证标志，部分标志如CMA、CAL等在荧光灯的照射下会有荧光标志。第二，证书上的宝石名称必须严格符合国家标准。其中，第二点尤为重要。有些规模比较小的质监站，为了吸引更多前来送检的客户，会按客户的要求为宝石命名，很多时候这些名称是不符合规范甚至是完全错误的。如果鉴定证书上出现不合规范的宝石名称，首先表明这个机构不够专业，当然更谈不上权威。例如碧玺，按照国家标准的规定，证书的名称就是"碧玺"，如果有猫眼效应，可命名为"碧玺猫眼"，但"红宝碧玺""红碧玺""帕拉伊巴碧玺""蓝碧玺"等名称都不符合国家标准。另外，如果碧玺经过人工处理，如"充填""染色"等，名称处应显示"碧玺（处理）""碧玺（充填）""碧玺（染色）"等。

✿ 鉴定证书如何看

首先看下NGTC的证书样式。

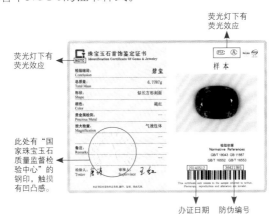

▲ 国家珠宝玉石质量监督检验中心质检证书

同时，可以根据证书编号到NGTC的官网上查询证书的真伪。

▲ 国家珠宝玉石质量监督检验中心网上查询入口

再看一下中国地质大学珠宝检测中心的证书。

▲ 中国地质大学珠宝检测中心的碧玺鉴定证书

同样，也可以到中国地质大学珠宝检测中心的官网上通过查询证书的编号鉴定证书的真伪。

▲ 中国地质大学珠宝检测中心网上查询入口

常规鉴定方法

　　鉴定一块宝石裸石或者宝石成品是否为碧玺，可以通过看它是否配备权威的鉴定证书，也可以到专业的鉴定中心（权威鉴定机构），通过专业的珠宝鉴定仪器来鉴定。这种鉴定方法可以通过检测宝石的折射率、硬度、吸收光谱等准确无误地鉴定出宝石是否为碧玺，但这必须在实验室条件下进行，而且，没有经过专业宝石鉴定培训的人也无法完成这项工作。如果在无法提供实验室的情况下，我们应该如何通过肉眼或者一些简单的小仪器准确地鉴定碧玺呢？业内人士总结了一些简单易学的鉴定方法可供参考。

✤ 观察碧玺的"二色性"

　　所谓碧玺的"二色性"，简单地说是用来描述在某些彩色、透明宝石中看到的不同方向性颜色的通用术语。碧玺具有明显的二色性，红色碧玺为红色—粉红色，绿色碧玺为绿色—淡绿色。据此可将绿色碧玺与橄榄石、绿色玻璃、绿色石榴石等区分开。碧玺的二色性较强，因此通常肉眼观察会发现宝石不同方向的体色色调会有不同。如果一颗彩色、透明的裸石，它各个方向的颜色都十分均一，没有任何

色调的不同，多半不是碧玺。另外，有一种仪器叫"二色镜"，这是一种用来观察宝石多色性的仪器，价格便宜且容易操作，便于珠宝爱好者使用。

▲ 便携式二色镜

操作步骤：

a.将样品置于二色镜小孔前，样品尽量靠近小孔，以防样品的表面反射光进入小孔；

b.将较强的白光光源（阳光或白炽灯均可）通过样品，使经过样品的光进入小孔；

c.边观察边转动二色镜，注意两个窗口的颜色变化；

d.转动样品，从各个方向上观察目镜中两个窗口的颜色。

如果是碧玺，那么在转动二色镜的过程中，我们会清楚地看到镜中两个窗口中会呈现不同的颜色，但要注意所测样品必须有颜色且透明。

❀ 用10倍放大镜观察刻面棱重影

碧玺因为自身的双折率较大，因而从刻面型碧玺的台面上向下观察，可见底棱明显的双影现象，依此可将碧玺与黄玉、合成尖晶石等区分开。观察这种现象需要用一种简单的小仪器——10倍放大镜。

▲ 宝石用10倍放大镜

宝石用10倍放大镜主要用于观察宝石表面及内部特征。使用观察时，应一只手将放人镜尽可能地接近眼睛，另一只手将宝石置于离放大镜约2.5厘米处，然后观察宝石内部的特征。观察刻面棱重影时应从冠部方向观察亭部的棱。所谓"冠部"，是指宝石的顶部，即腰以上的部分。"亭部"是指宝石的底部，即腰以下的部分。具体现象如下：

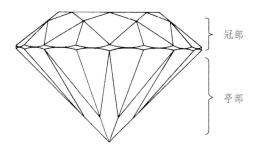

✤ 用10倍放大镜观察内含物特征

内含物是指宝石在形成过程中，由于自身和外部因素造成的，形成于宝石内部的特征。宝石的包裹体是指被包裹在矿物中的成矿溶液、成矿融熔体和其他矿物，我们把它们称为包裹体。碧玺内部常常含有典型的不规则状、管状包裹体，通过10倍放大镜可以观察到这些内部特征，以此帮助我们辅助判断。

▲ **碧玺观音牌**
此牌为红碧玺高浮雕而成。观音体态丰腴，神态安详，手捧灵芝盘坐于莲花之上。碧玺料质较为通透，颜色均匀，内部可见棉絮状包裹体。

另外，碧玺经常被琢成祖母绿型，从平行长边方向可见管状包裹物或棉絮物，在短边方向则可发现颜色变深。这是由于碧玺在不同方向对光的吸收程度不同形成的特性，利用这个特性即可区分一些合成的仿制品。

通常来说，只要通过以上这三种方法进行仔细的观察和测试，一般我们都能将碧玺与其他宝石或仿制品区分开。碧玺的色泽鲜艳，颜色种类十分丰富，还具有典型的多色性、高的双折射率值（导致刻面型碧玺的刻面棱重影现象十分明显）以及典型的包裹体，这三个主要的特点是我们鉴别碧玺的重要依据。

特别需要指出的是，碧玺具有典型的热电性，这种特性使碧玺经过太阳的照射或者受热后其表面会带有电荷，这些电荷对空气中的异

性电荷具有相吸性，也就是说这些电荷对空气中的带有异性电荷的灰尘具有吸附作用。利用碧玺的这一特性，把碧玺放在软布上摩擦后，产生的热量，可以吸附贴近的纸屑。因此，通常商场柜台中陈列的碧玺，表面往往会比其他宝石附着更多的灰尘，经验丰富的珠宝商人或者珠宝鉴定师可以从这一现象对碧玺做出初步鉴别。

▲ 红碧玺裸石

由于碧玺的热电性，在摄影灯光的照射下，其表面产生电荷，吸附空气中带有异性电荷的灰尘。

　　近年来，随着碧玺在珠宝市场上的热卖，价格不断走高，市场上开始出现以假充真的仿冒品及以次充好的伪劣品。

　　仿冒品主要是用彩色玻璃、水晶和塑料仿冒碧玺。人工合成的碧玺，据资料显示，国外市场上已经出现，主要采用水热法合成绿色碧玺。由于碧玺化学成分复杂，人工合成难度大，成本高，目前在国内市场尚未见到，但购买者仍需对绿碧玺多加留心。

▼绿碧玺镶钻戒指
主石重5.539克
戒指造型简洁大方，淡绿色椭圆形碧玺，通透度高，内部洁净。

"三看""三用"鉴别法

伪劣品是指那些质量欠佳或不好的碧玺，通过注胶、加热、辐照、染色、覆膜等方法改善或改变颜色、提高净度、增加透明度，以提升碧玺的成色等级。

购买者可采用"三看""三用"法对碧玺的真伪、优劣程度进行简易的鉴别。

"三看"，一看颜色，天然质优的碧玺，颜色鲜亮、灵动，同一晶体的内外和不同的部位可能会呈现明显的双色或多色，仿冒品没有这种现象；二看透明度，质优的碧玺，通常晶莹剔透，极品级的碧玺呈全透明状，但十分罕见，常见的碧玺或多或少都有些雾感，不完全透明，存在明显雾感或不透明的碧玺一般属于品种较差的低档品；三看净度，碧玺包裹体丰富，天然碧玺内部或多或少都有内含物或包裹体（包裹体主要有气液、管状体、平行线状体三种）。一些内含物或包裹体肉眼即可看到，达到极品级的碧玺完全无瑕，但极其稀少，而仿品内部通常十分干净。

▼ 金丝雀黄碧玺裸石

8.75克拉

金丝雀黄色是指一种纯正的艳黄色，这种黄色不带有任何绿色、灰色、褐色等杂色调，颜色如金丝雀的羽毛一般甜美可人、醇美鲜亮。此颗碧玺裸石的黄色鲜艳靓丽，透明度高，内含物极少。

▲ 双桃红碧玺裸石

5.365克拉

此碧玺裸石为双桃红色，色泽浓淡适宜，透明度高，纯净度较好，肉眼可见部分内含物。

▲ 碧玺多子多福吊坠

此吊坠用淡粉色碧玺雕琢而成。器身雕瓜、豆及蝙蝠，寓意多子多福。此碧玺通透度高，内部可见较少内含物。

　　"三用"，一用二色镜观察碧玺的多色性，仿冒品没有多色性；二用放大镜观察碧玺的刻面棱重影，仿冒品无此特性；三用放大镜观察碧玺内部的天然包体如矿物包裹体、气液态的流体包裹体等，仿冒品如人造玻璃，内部会出现气泡、旋涡纹等。

▲ 红宝碧玺蛋面两件套

　　吊坠主石重63克拉；戒指主石重28.6克拉

　　此红宝碧玺颜色浓郁，蛋面设计简洁大方，周围以钻石衬托更显其大气风范。碧玺通透度较好，内部可见包裹体。

▲ 清乾隆·双色碧玺鼻烟壶

　　此鼻烟壶为粉红色和绿色上品碧玺雕琢而成，料质干净通透，颜色艳丽纯正，极为难得。器身正面雕白菜与虫，背面雕梅花枝桠，壶顶用绿色碧玺雕成虫形，寓意广纳百财、多子多福。器物所雕花纹立体清透，脉络清晰，刻画寥寥间风韵尽出。

碧玺的优化处理及鉴别

由于天然宝石的优质品十分稀少，人们会通过各种人工处理手段改善宝石的外观、耐久性或可用性等，以弥补天然宝石的不足和缺陷，使其外观更加完美、更接近天然，从而提高宝石的实用价值和经济价值。碧玺作为一种常见且重要的彩色宝石，当天然碧玺宝石质量欠佳或不好时，也常常需要运用一些人工的方法改善碧玺本身的质量。以下是碧玺的优化处理方法及鉴别方法。

热处理

某些天然碧玺颜色较深，如深蓝、深绿、深黄绿、深紫红等，也有些天然碧玺颜色较浅，如浅黄、浅粉红等，为了改善它们的颜色，增强其透明度，提高其宝石档次，对这些碧玺进行加工处理——选择不同的气氛和温度，对宝石进行缓慢的升温、降温处理，可以使浅色碧玺的颜色加深，也可以使深色碧玺的颜色变浅。通过热处理可以使宝石的颜色、透明度及净度等外观特征得到长期而稳定的改善，从而提高宝石的美学价值和商品价值。例如，经过热处理的新疆深蓝色、深绿色、深黄绿色碧玺分别变成了蓝（浅蓝）色、绿（浅绿）色、黄绿（浅黄绿）色碧玺，且透明度也大大提高。热处理碧玺属于一种优

化手段，方法稳定且受到人们的广泛接受。国标指出，经优化过的宝石在市场上可不予声明当作天然宝石出售，证书上亦不用注明。

▶ 改良明亮式切割枕形帕拉伊巴碧玺戒指

主石重2.87克拉

此碧玺产自巴西，颜色均匀，改良明亮式切割使其更加闪耀动人，周围配以小钻，镶嵌在铂金中，华丽大气。

▲ 帕拉依巴碧玺配钻石戒指

主石重4.98克拉

该碧玺呈黄绿色，是未经热处理的帕拉伊巴碧玺。

▲ 粉红色碧玺配红宝石及钻石耳环

辐照处理

　　辐照处理是指用原子微粒或放射性物质对宝石进行辐射，消除晶体的结构缺陷，形成着色中心，从而使宝石产生颜色。高能射线的种类比较多，在宝石的优化处理中主要应用三种辐射源：各种加速器产生的高能电子和质子；γ射线，如Co^{60}；核反应堆产生的中子辐射。其中，核反应堆技术较线性加速器技术成本低，但弱点是可能会使宝石带有放射性而对人体有害。中子辐照曾大量用于彩色宝石如托帕石等的改色，而宝石中的部分杂质元素可能被中子活化，产生长半衰期放射性核素。宝石的产地不同，宝石中杂质元素的种类和含量也不同，半衰期会随着这些不同而发生变化。世界上很多国家都有自己的放射性标准，而我国尚需要制定有关首饰放射性的标准，以确保消费者的权益。

◀ 鹤形碧玺钻石胸针

此胸针设计成鹤形，主体为
18K金镶嵌钻石，用碧玺做眼
睛和身体，尽显设计师的独具
匠心。

▲ 西瓜碧玺吊坠

▲ 碧玺"瓢虫"别针

此别针由红色碧玺、红宝石、蓝宝石配钻石制成，设计
巧妙，工艺精湛，整个别针栩栩如生，令人过目难忘！

　　对无色或者色浅的碧玺运用高能射线进行辐照处理时，在辐照的时间和剂量不同且得到精确控制时，辐照后的碧玺会呈现出不同的颜色，如红色、粉红色、紫红色、红绿色、红紫色等。实验表明，当用 γ 射线对碧玺进行辐照时，一般辐射累积剂量在 10^6crem 以上就可以导致其颜色发生变化。例如，对新疆产的碧玺进行辐照处理，处理后浅粉红色碧玺变成了红、深红色；浅绿色碧玺变成了粉红、红、深红色；双色碧玺变成了红绿、红紫色；无色碧玺变成了粉红、红、深红色。

　　电子轰击也可使无色或粉红色的电气石变成更好的红色，但在颜色改变的同时会产生大量裂纹。绿碧玺在电子轰击下颜色不会发生改变。

▲ 碧玺连年有余吊坠

鉴别辐照处理的碧玺需要在宝石鉴定实验室里通过专业的分析仪器（如红外光谱仪、拉曼光谱仪等）进行鉴定。用辐照处理来改善碧玺的颜色在国家标准中属于处理，在质检证书上必须明确指出。

▲ 碧玺幸运花吊坠
此吊坠镶嵌有红色、绿色等各色碧玺，配色柔美，俏丽可爱。

浸注处理

对宝石进行浸注处理由来已久，浸注方法也是多种多样。早期人们主要采用与宝石本身折射率相近的油对宝石进行浸注处理，所浸注的油可分为有色和无色两种。近年来人们又有采用某些树脂或玻璃浸注的。根据浸注材料的不同，浸注处理大致分为三类：浸无色油处理、浸有色油处理和充填处理。

❋ 浸无色油处理

早期常用无色油对碧玺进行填充处理，这种方法已经得到珠宝界和消费者的认可，在市场上较常见，属于优化方式，商家不用指出，质检证书上也不必备注。这种方法不会改变碧玺本身的颜色，无色油的主要作用是掩盖已有的裂隙或者孔洞，以此提高宝石的透明度和亮度。

鉴定：检测碧玺是否浸过无色油，主要通过放大镜观察裂隙中是否存在油的特征。可将碧玺样品浸于水中或其他无色透明的溶液中进行观察。慢慢转动样品，在某一角度通过反射光可以观察到裂隙中无色油产生的颜色。如果裂隙未完全被充填，观察时可见裂隙中不规则分布的油痕，其反光效果比一般裂隙中液态包体强。

◄ 红碧玺配翡翠"寿桃"吊坠

碧玺色泽清丽，雕刻福寿无边纹饰，顶部配以翡翠珠粒，造型生动。

▲ 18K金红碧玺镶钻戒指

主石重6.91克拉

碧玺颜色浓郁，蛋面光洁素雅，周围镶嵌钻石，使戒指熠熠生辉。

　　然后要观察碧玺是否有受热后"发汗"流油的情况。用台灯或热针靠近碧玺样品，浸过无色油的样品受热后，油会像出汗似的从裂隙中渗出，用棉纸或镜头纸擦拭可以看出油迹。浸过油的碧玺在包装纸上也会留下油迹，所以细心检查包装纸，也是检查样品是否经过浸油的方法之一。

　　浸无色油的碧玺在受热或强光照射下，裂隙中的油会产生挥发而干固，被掩盖住的裂隙会重新显露出来，不免会引起商家与顾客之间、生产与销售双方之间的麻烦。所以不管哪一方都应对碧玺的浸油处理有正确的认识和正确的使用、保管方法，如避免用超声波清洗器或强清洗剂清洗等。

▼ 19世纪碧玺福寿项链及耳环套装

此项链及耳环套装为粉色碧玺质地，晶莹通透，色如美人粉颊，娇嫩可人。项坠，呈叶形，凸雕蝠与蟠桃，雕刻精细，刀法纯熟，所雕寿桃，圆硕饱满，上飞蝙蝠，灵动敏捷，蕴含了多福多寿的吉祥寓意。上配金累丝点翠穿同色碧玺结珠项链，造型别致，殊为罕见。配耳环一对，水滴形，同为点翠装饰，雍容华贵，精巧至极。

❀ 浸有色油处理

浸有色油不仅可以提高碧玺的透明度和亮度，同时还会改变碧玺本身的颜色，使碧玺的颜色变得更好看，但是这种方法尚未被人们接受和认可，属于处理方式，商家对这种处理方式必须说明，而且在证书上必须明确指出。

鉴定：浸有色油与浸无色油的观察方法相同，而且放大检查时可见浸入的油呈现丝状沿裂隙分布；油干固后会在裂隙处留下染料的颜色；受热会渗出油，并且包装纸上留下油迹；某些有色油在紫外光下具有荧光效果。

▲ 铂金镶钻帕拉依巴碧玺戒指

❀ 充填处理

由于市面上低品质碧玺材料性脆，且多裂隙，充填处理有利于改善其透明度及耐久性，从而大幅提高加工过程中的出成率（未经充填的低品质碧玺原料加工出成率不足10%），减少原材料的浪费。目前对低品质的碧玺原料进行充填处理已经成为碧玺加工过程中的通行做法。

鉴定：由于碧玺充填的材料（树脂类）和主体（碧玺）之间存在较大的折射率差异，这种差异体现在宝石学上则表现为明显的光泽差异，这种光泽差异在放大镜下能够明显地观察到。

在宝石显微镜下放大观察充填碧玺，可以发现碧玺发育的裂隙，但是界限模糊，裂隙充填处可以观察到明显的充填处理特征，如流动构造和气泡、"闪光"效应、絮状填充物残余等。另外，通过异常荧光、红外光谱等方法检测充填碧玺需要通过珠宝鉴定仪器来确认。

需要指出的是，在对充填碧玺进行检测的过程中，发现不同样品中充填物的含量差异较大。部分样品仅有极少量的充填物，对碧玺的美观性及结构不产生影响，对这类样品可根据情况直接定名为碧玺。

▼ 碧玺项链及耳坠
项链及耳坠主石为红色碧玺，用翡翠和钻石加以点缀，设计巧妙，时尚感强。

▶ 18K白金镶红碧玺吊坠

▲ 碧玺手串

镀膜碧玺（覆膜碧玺）

　　镀膜碧玺（覆膜碧玺）是指在无色或浅色的碧玺上用特殊的工艺覆上一层有色的膜。镀膜处理可以使无色或近无色的碧玺经过处理后形成各种颜色，且颜色鲜艳。镀膜碧玺（覆膜碧玺）在优化处理的国家标准中属于处理，在质检证书中必须明确指出。

　　鉴定：镀膜碧玺的颜色十分艳丽，但颜色呆滞，放大观察可见膜层呈亚金属光泽，而不是玻璃光泽。镀膜碧玺的折射率变化范围较大，无特征的吸收光谱，镀膜碧玺光泽大大增强，可达亚金属光泽，大部分镀膜碧玺宝石在折射仪上只有一个折射率，并且折射率范围变化较大，甚至超过1.70。

▲18K黄金镶红碧玺吊坠

人工染色碧玺

　　人工染色碧玺是指通过人工的方法将无色或浅色的碧玺用化学染剂进行加色处理。人工染色碧玺在优化处理的国家标准中属于处理，在质检证书中必须明确指出。

　　鉴定：染色碧玺的颜色鲜艳，表面会感觉到有不同于体色的颜色漂浮，放大检查可见裂隙呈丝缕或脉状分布，并可以看到染料沿管状包体分布。

◀18K金碧玺镶钻项圈
主石重17.962克拉
此项圈设计巧妙，整体呈凤尾形，镶嵌在纹路中的钻石隐秘而精巧。绿色蛋面碧玺被18K金和钻石包围，华丽典雅。

▲ 红碧玺项链

此项链简约精巧，项链纤细，碧玺颜色浓郁。

碧玺与相似宝石的鉴定

随着珠宝行业的发展，碧玺以其晶莹剔透的品质和丰富多彩的颜色，吸引了越来越多喜爱者，如何正确无误地鉴别碧玺与其他宝石，成为消费者越来越关心的问题。碧玺的颜色丰富，是天然宝石中颜色最多的一种，因此它有许多相似宝石，不同颜色的碧玺，其相似宝石也不同。如与红色、粉红色相似的宝石有红宝石、红色尖晶石、锂辉石、橙红色黄玉、红色绿柱石；与蓝色碧玺相似的宝石有蓝色尖晶石；与绿色碧玺相似的宝石有含铬的透辉石、祖母绿、绿色绿柱石等。

绿色碧玺及与其相似宝石

绿碧玺主要易与绿色蓝宝石、绿色透辉石、祖母绿等相混。绿碧玺与绿色蓝宝石相比较，前者有大的双折射率，在折射仪中二条阴影界线明显分离。而与绿色透辉石相比，二者都有较大的双折射率和较清晰的后刻面棱重影，在这两点上二者很难区分，但是在折射仪上仔细观察阴影界线可以发现，碧玺中仅有较低折射率值的阴影界线上下移动，另一条不动，这是一轴晶宝石的特点（所谓一轴晶，是指光线进入宝石晶体时，只有一个方向不发生双折射）；而在透辉石中两条阴暗界线可上下移动，是典型二轴晶宝石特点（所谓二轴晶，是指光

▲ 绿碧玺吊坠

▲ 绿色蓝宝石裸石

▶ 梨形哥伦比亚天然祖母绿耳坠

线进入宝石晶体时，会有两个方向不发生双折射）。另外，透辉石具有高于碧玺的折射率。祖母绿在外观上与绿色、翠绿色碧玺很相似。但是，祖母绿的折射率和双折射率均明显低于碧玺，宝石后刻面棱线重影不明显，而碧玺则可见明显重影。祖母绿二色性弱，而碧玺二色性很强。据此，即可将二者区分开。祖母绿的密度明显地低于碧玺。祖母绿含有特征的三相或两相包体，而碧玺的包体为不规则线状和扁平的薄层空穴，其内常被液体充填，根据这点亦可将二者区分。

红色碧玺及与其相似宝石

红色和粉红色碧玺主要易与红宝石、粉红色托帕石、红色尖晶石、红柱石、锂辉石、红色绿柱石等相混，此时只要有一瓶密度为 $3.06g/cm^3$ 的重液，便可将碧玺挑选出来。 在密度为 $3.06g/cm^3$ 的重液中，红色碧玺悬浮或慢慢下沉，而红色黄玉、红色尖晶石则迅速下沉，红柱石也表现为下沉，下沉速度略小于黄玉和尖晶石。

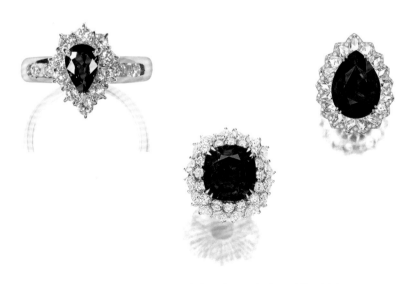

▲ 红碧玺戒指（左）、红色尖晶石戒指（中）及红宝石戒指（右）
三种宝石经过打磨镶嵌后很难从外观进行区分，借助专业检验方法是十分必要的。

蓝色碧玺及与其相似宝石

蓝色碧玺主要容易与蓝色托帕石、蓝色磷灰石、海蓝宝石、蓝色锆石等相混淆。蓝色碧玺与蓝色锆石有明显的刻面棱重影，据此可以将蓝色碧玺和蓝色锆石与其他蓝色宝石区分开来。而蓝色锆石的折射率为负数，蓝色碧玺为正数，据此，可将二者区分开来。

▲ 托帕石钻石吊坠项链

▼ 帕拉依巴碧玺钻石挂坠项链

▲ 海蓝宝石镶钻
铂金戒指

▲ 磷灰石镶钻铂金戒指

黄色碧玺及与其相似宝石

　　黄色碧玺主要容易与黄水晶、黄色托帕石、黄色金绿宝石相混淆。碧玺有较大的双折射率和较清晰的后刻面棱重影，据此，可以清楚地将它与其他黄色宝石区分开来。

▲18K金配绿色橄榄石及黄色托帕石戒指

▲天然金绿宝石配钻石戒指

▲水滴形黄水晶戒指

◀黄色、红色碧玺配彩色宝石及钻石"甲虫"胸针一对

碧玺的质量评价

对于碧玺的质量评价可从重量、颜色、净度、切工几个方面来进行，其中透明度好、块度大者是碧玺中的上品，在评价中颜色是最重要的因素。另外，碧玺的特殊光学效应亦可提高它的价值。

颜色

对碧玺颜色的评价要求碧玺颜色鲜艳、纯正、分布均匀，如果碧玺本身含有色带和色环，则要求色带和色环纯正均匀，并且分界清晰。优质碧玺的颜色为玫瑰红色、紫红色，它们价格很昂贵，粉红的价值较低。绿色碧玺以祖母绿色最好，黄绿色次之。因纯蓝色和深蓝色碧玺少见，因此它们的价值亦很高。另外，因为碧玺的特殊品种——帕拉伊巴，呈现的"电光蓝""霓虹蓝"十分稀有，所以其价格在所有品种之上。碧玺的颜色都是以鲜亮纯正者价值为高。

▶ 红碧玺耳坠

两颗心形的红色碧玺搭配黄钻与白钻交相辉映，顶端搭配飘带设计，增添了此款吊坠的轻盈感。

▲ 蓝碧玺项链

总重97.55克

蓝色碧玺极为少见，此项链全部由蓝色碧玺串成，珠粒颜色均匀，透明度高，火彩浓烈。配以24K纯金隔珠，工艺简单，高贵美丽。

红色碧玺颜色分类表

等级	图例	颜色	饱和度
极优级		鸽血红色	极高
优级（+）		红色	高
优级		玫红色	高
优级（-）		紫红色	较高
优级（-）		橙红色	较高
普通级		浅红色	中等-低
级外级		极浅红色	低

透明度	净度	切工	简评
透明	干净	优	颜色类似于鸽血色红宝石，饱和度非常高，被称为"红宝碧玺"
透明	干净	优	红色颜色纯正，饱和度高
透明	较干净	优-中等	红色中带少量紫色调，饱和度高
透明	较干净	中等	红色中带较多紫色调，市场上较常见，饱和度较高
透明	较干净	中等	橙红色调，色调一般不纯正，饱和度较高
透明	可有少量裂隙、黑点等杂质	中等-差	色调不纯正，饱和度较低
透明	差，裂隙、黑点等杂质较多	差	饱和度非常差

蓝色碧玺颜色分类表

等级	图例	颜色	饱和度
极优级（＋）		电蓝色、霓虹蓝	高
极优级		蓝宝色	高
极优级（－）		蓝色	高
优级（＋）		蓝绿色	较高
优级		深蓝色	较高－中等
优级（－）		蓝带浅绿色	中等
普通级		浅蓝带绿色	中等－差

透明度	净度	切工	简评
透明	干净	优	著名的"帕拉依巴"蓝碧玺，产量十分稀少，价格十分高昂
透明	干净	优	色调纯正，饱和度高
透明	干净	优	色调纯正，饱和度高
透明	干净	优	色调较纯正，饱和度较高
透明–半透明	较干净	优–中等	色调较纯正，饱和度中等
透明	可有少量裂隙、黑点等杂质	中等	色调不太纯正，饱和度中等，净度一般
透明	有少量或部分裂隙、黑点等杂质	中等–差	色调不纯正，饱和度差，净度较差

绿色碧玺颜色分类表

等级	图例	颜色	饱和度
极优级		铬绿碧玺，翠绿色	极高
优级（＋）		绿色	高
优级		绿色偏黄	中等
优级（－）		翠绿偏黄色	中等
普通级		浅绿色	低
级外级		极浅绿色	很低

透明度	净度	切工	简评
透明	干净	优	颜色类似于祖母绿，是绿碧玺中的明星
透明	干净	优	绿色色调纯正，饱和度高
透明–半透明	较干净	优–中等	绿色中带有黄色调，整体颜色较明亮
透明	较干净	中等	市场中较常见，饱和度不高
透明	有裂隙、黑点等杂质	中等–差	市场中非常常见，价格较便宜
透明	裂隙、黑点等杂质常见	差	市场中非常常见，饱和度和净度都较差，火彩弱

西瓜碧玺颜色分类表

等级	图例	颜色	饱和度	透明度
极优级		红绿各半	高	透明
优级（++）		红绿皆浅	中等	透明
优级（+）		深红配浅绿	中等	透明
优级		红棕配蓝绿	中等	透明
优级（-）		深绿配浅红	中等-差	透明
普通级		浅红浅绿	中等-差	透明

净度	切工	简评
干净	优	红绿颜色分界十分明显，且颜色非常鲜艳，饱和度高，市场少见
干净	优	色调不太纯正，饱和度较高，红绿颜色界限较明显
干净	较优	红色色调太深，饱和度中等，红绿颜色界限不太明显
较干净	较优	色调不太纯正，饱和度中等，红绿颜色界限较明显
少量裂隙、黑点等瑕疵	优–中等	色调不太纯正，饱和度较差，颜色界限较不明显
较多裂隙、黑点等瑕疵	中等–差	色调不纯正，饱和度差，颜色界限不明显

净度

　　对碧玺净度的评价要求碧玺内部包体尽量少，晶莹无瑕的碧玺价格较高，含有许多裂隙和气液包体的碧玺通常用作玉雕材料。

▼ **蓝绿色碧玺镶钻戒指**
主石重2.05克拉
戒面为蓝绿色碧玺，采用祖母绿式切割。碧玺透明度、净度较高。周围配以钻石，打造出纤细、灵动之感。

▶ **18K金镶红碧玺吊坠**
主石重15克拉
红色碧玺颜色艳丽，在玫瑰金及钻石的映衬下，更显时尚和青春。

切工

切工应规整，比例对称，抛光好。碧玺可切磨成各种形状：祖母绿型、椭圆型、标准圆钻型和混合型。其中祖母绿型是最佳切工，最能体现碧玺美丽的颜色，因而价格亦较高。

碧玺的切工应从定向、琢型、比例、对称性和抛光度等方面进行评价。

❀ 定向

碧玺具有较强的二色性，通常表现为不同方向的体色色调的不同，所以切磨时要选择正确的方位，使宝石台面垂直光轴，才能呈现明亮诱人的颜色。否则宝石台面会出现较暗的多色性色调，必将降低其价值。浅色碧玺，设计时最好将台面垂直于长轴或光轴方向，多切磨成圆多面型，也可切磨成心形阶梯型，可以使颜色看起来更深。深色碧玺，尤其是绿碧玺，其二向色性使宝石沿光轴方向观察几乎不透明，设计时最好让台面平行于长轴或光轴方向，多切磨成阶梯型或椭圆型，既可以使颜色变浅，又可以从垂直光轴方向观察到宝石最漂亮的颜色。对于具有猫眼效应的碧玺来说，切磨时使椭圆弧面型宝石的长轴方向与包裹体排列方向垂直，并使其底面平行于包裹体排列方向，且弧面略高，可以使宝石的猫眼线看起来更细。对于具有星光效应的碧玺来说，切磨时使宝石的表面和底面平行于两组包裹体方向，以便使宝石表面出现四射的星光效应。

▲ 18K金红碧玺镶钻耳坠
总重约91.75克拉

▲ 18K金西瓜碧玺镶钻吊坠

❈ 琢型

碧玺可切磨成任意形状，其中祖母绿琢型最能体现碧玺美丽的颜色，且价值最高，其次为椭圆形，圆钻型价格最低。因此，高度透明的原石多被切磨成最受欢迎、价值较高的祖母绿琢型。

▲ 金绿碧玺镶钻吊坠项链

主石重33.96克拉

金绿碧玺吊坠呈蛋面形，圆润清透，周围群镶钻石，好似众星捧月。

▲ 绿碧玺 "荷香" 套装

此套装设计新颖独特，绿色碧玺颜色浓烈，采用祖母绿式琢型，并以祖母绿及钻石作为点缀，雍容华贵。项链中间为荷花造型，灵动典雅，项链及吊坠可拆分成上下两部分单独佩戴，并配有同款耳环、戒指。

❖ 切磨比例

刻面型碧玺的理想冠角为43°，亭角为39°，若切磨比例适当，可以获得良好的亮度。若增加长方阶梯形绿碧玺的亭角，即让亭部斜面变得非常陡峭，这样可最大限度地减少棕色透过，使宝石的绿色更为纯净、漂亮。

◀18K白金镶红碧玺钻石吊坠

主石重9.42克拉

此吊坠红碧玺呈三角形刻面，色泽娇艳莹透，配以璀璨的钻石，光彩四溢，造型清新。

▼ 水滴形碧玺项链

此碧玺项链色彩丰富，颜色浓郁，透明度高。珠粒呈水滴状，并打磨出切割面，使其光芒四射。

❖ 对称程度

各种款式的碧玺其总体外形轮廓包括轮廓对称性、台面倾斜程度、腰棱线波状起伏程度以及刻面形状，都要求规则而且对称，否则会降低宝石的价值。

❖ 抛光修饰度

碧玺的抛光修饰度一般较好，呈强玻璃光泽，没有抛光痕，抛光好的碧玺闪闪发亮。

▼ 戴妃款红碧玺戒指

bixijiandingyuxuangou

Chapter 3

市场实战

碧玺的市场行情

　　由于时尚界追捧彩色宝石，且碧玺采矿业迅猛发展，位于南美原产地的宝石批发商又有意推动碧玺取代部分红、蓝宝石，成为消费市场主流宝石产品。所以，2011～2014年国内珠宝市场中，价格走高最快、最受市场关注的当属碧玺！而2014年年底，碧玺的价格较年初也有2～3倍的增长，某些品种的价格已高至每克2000元。从钻石、翡翠、和田玉的成长过程来看，一种宝石走上上升通道后，一般5～8年内价格均会持续走高。以2010年为起点来看，碧玺的价格仍处在刚刚上扬的位置，现阶段增值潜力应更大。

　　继蓝宝石、红宝石身价飙升后，碧玺逐渐走进藏家视野。每克拉1000元的碧玺比比皆是。碧玺已成为彩色宝石中的宠儿，吸引着越来越多的投资者，升值潜力不容小觑。从近期拍卖市场行情来看，碧玺的成交情况非常乐观，一跃成为珠宝市场的新贵。

▶ **红碧玺配钻石戒指**
碧玺为椭圆形蛋面，颜色均匀，周围镶嵌钻石，并以花朵代替固定碧玺的镶爪。

2015年2月，广州市面上一枚普通的碧玺吊坠，售价在8000元以上，中高档的碧玺手链也要近万元，长18厘米的项链则要几万元。色泽通透、纯净，质量上乘者则全部万元起售，价格有直逼钻石之势。

中高档碧玺的价格涨幅较大，颜色好的则价格更高，如玫瑰红色的优质碧玺，其价格近10年来上涨不止百倍。

碧玺中的极品当属在巴西帕拉依巴州偏僻村落Sao Jose de Batalha内被发现的帕拉依巴蓝碧玺。这是一种少见的、特殊的蓝绿色，其颜色接近海蓝宝石，却比海蓝宝石更加清透浓艳。由于其挖掘不易，晶体不大，加上近年来矿权纠纷不断，其价位一直居高不下，早在两年前，零售价就达到每克拉上万美金。现在市面上几乎很难见到，价值也很难估算。

▲ 帕拉依巴碧玺镶钻白金项链

◀ 帕拉伊巴碧玺 "海洋" 戒指

主石重15.85克拉

此戒指在帕拉伊巴碧玺周围配海螺珠、养殖珍珠、黄色钻石及宝石，好似海洋世界般丰富多彩。戒指设计新颖，充满自然之风。显华丽之美。

此外，被国际许多收藏家津津乐道的还有金丝雀黄碧玺。金丝雀黄是指一种不带有任何杂色的、纯正的艳黄色，因其颜色如金丝雀的羽毛一般醇美鲜亮而得名。据有关资料记载，金丝雀黄碧玺目前只出产于非洲的一个小国，产量十分有限。由于产量稀少，金丝雀黄碧玺的价格远高于同等大小和品质的艳红碧玺以及纯正蓝色碧玺。

碧玺的色系主要以蓝绿色和红色两大色系最为常见。蓝绿碧玺十分稀少，价值很高的。红色系的碧玺有"双桃红"（深红色）"单桃红"（浅红色）和"胭脂水"（粉红色）等。在国际市场上，除了帕拉依巴碧玺外，一般鲜红色的碧玺价格最高，也深受收藏家喜爱。

"双桃红"碧玺的美观程度可与极品红宝石（鸽血红）相媲美。非专业人士不仔细看，是看不出来的，所以如果喜欢极品红宝石但苦于价格太高的人们就可以选择收藏"双桃红"碧玺。

▲ 红碧玺戒指

主石重1.62克拉

主石为紫红色碧玺，两侧以18K黄金制成蜜蜂造型，并镶嵌钻石，眼睛分别用红蓝宝石点饰，如同小蜜蜂被红碧玺花朵一般鲜艳的颜色所吸引，环绕在其周边不愿离去。戒指形象生动，栩栩如生。

▶ 椭圆形粉红色碧玺配钻石项链

碧玺价格上涨的原因

究竟是什么原因推动了国内碧玺价值的提升，价格上涨的主要原因有六点。

❋ 追求时尚——受台湾珠宝市场的影响

中国台湾珠宝市场起步早，发展成熟，珠宝流行的品种、款式、工艺都领先于内地。据相关珠宝刊物报道，碧玺在中国台湾珠宝市场已流行十多年，不管一般的珠宝店，还是知名的品牌专柜，都把碧玺作为一种新潮时尚的宝石进行销售。但前些年，由于两岸未实现"三通"，人员往来、旅游观光、经贸交易都受到一定制约，碧玺在中国台湾流行之风并未影响到内地。在相当长的一段时间里，碧玺并未受到内地珠宝爱好者的关注和青睐，市场表现平平，默默无闻。内地珠宝爱好者关注的焦点，依然是传统的几大宝石品种，如钻石、红蓝宝石等。直到2008年，随着两岸人员的频繁往来，旅游业的不断发展，中国台湾珠宝商在内地进行市场开发和经营，流行于中国台湾多年的碧玺开始在内地流行，成为珠宝店、品牌专柜的热卖品种，及体现价值和时尚标志的品牌珠宝。

▲ 红碧玺手链

此手串明亮闪耀，时尚精致。

▶ "有凤来仪"红碧玺吊坠

主石重28.61克拉

两条做工精美、线条流畅的凤凰托起颜色、净度达到顶级的红碧玺，奢华美感不胜言语。

❉ 碧玺颜色丰富——受到珠宝爱好者的青睐

碧玺拥有五彩缤纷、鲜艳夺目的颜色，能够使爱好者选购到称心的色调。碧玺颜色主要分为三大系列：即红色系列、绿色系列、蓝色系列。另外还有黄碧玺、紫碧玺、黑碧玺、无色碧玺。红色系列有红色、桃红色、紫红色、玫瑰红色、粉红色，其中红宝碧玺类似红宝石。绿碧玺系列有绿（浅绿、棕绿、暗绿）色、黄绿色、蓝绿色，其中翠绿色碧玺类似祖母绿。蓝色系列有蓝色、紫蓝色，其中纯蓝色碧玺类似蓝宝石。由于碧玺的颜色十分丰富，因而能够成为其他名贵宝石的"心理替代品"。

▶ 18K白金绿色碧玺镶钻吊坠
主石重16.65克拉
此碧玺吊坠为祖母绿式切割，呈现出鲜艳的绿色。周围群镶钻石，线条流畅，稳重大气。

▲ 多色碧玺项链
此项链珠粒正圆饱满，颜色透亮，光彩夺目。

❀ 价格适中——受到消费者的追捧

多年以来，碧玺在中国台湾之所以能够一直受到大众消费者的追捧，其中一个重要的原因就是价格优势——时尚风行，而不随行疯涨。碧玺的价格始终平稳，保持低位，没有大的波动，人们可以花较少的钱购买到质地如同红宝石、蓝宝石、祖母绿一样的高档宝石。据台湾珠宝业内人士透露，到2008年，在台湾，10克拉大小的优品红碧玺，每克拉的售价在人民币110～330元。同比，内地碧玺的价格与其基本相当或还要低一些。自2009年起，随着内地商家的热炒，内地碧玺的价格开始大幅上涨，四五年时间里，高中档碧玺的价格翻了几十倍，颜色好的，特别是红色优质碧玺的价格翻了近百倍。从目前情况看，即使这样，碧玺的价格同比红宝石、蓝宝石及祖母绿等，其价格还算是便宜的。在优质红宝石、蓝宝石和祖母绿资源越来越少，价格越来越高，珠宝消费者难以承受的情况下，许多人把红、蓝、绿碧玺当作替代品，也是对消费心理的一种补偿。据此估计，在一定的时间内，碧玺仍是许多消费者关注和追捧的热点。

◀ 粉红色碧玺镶钻耳坠
主石共重64.27克拉
水滴菠萝形粉红色碧玺上方以3条马眼钻石链相连，顶端着一朵钻石花朵，给人温柔纤细之感。

▲ 18K白金镶钻红碧玺吊坠

�֍ 文化元素——受到人们的推崇

首先是名人效应，据记载，清朝时慈禧喜爱碧玺，用碧玺做了许多的饰品，供自己享用。一品和二品官吏多用碧玺做帽饰；一些达官富豪，对碧玺也情有独钟，用其制作装饰品。北京故宫博物院收藏了许多宫廷的碧玺饰品，有朝珠、耳坠及各种盆景等。当下，国内外一些知名人士，在公众场合也会选择碧玺作为饰品，以宣扬富有、礼仪、风雅。

▶ 桃红色碧玺配珍珠项链坠

主石重71.22克拉

此项链坠造型独特，桃红色碧玺配以珍珠串成的流苏，浓郁的中国风彰显出华丽与时尚。

▲ 红碧玺花型胸针

18K金打造的花型胸针，造型生动，花蕊镶嵌椭圆形红色碧玺，茎叶经钻石及彩色蓝宝石点缀而成。

❀ 作为投资理财的产品

碧玺的装饰功能是其主要的价值所在。但随着碧玺在珠宝市场上的热卖，价格不断攀升，原有的装饰功能逐渐弱化，理财功能进一步增强。就目前来看，有相当一部分购买碧玺特别是购买高档、价格昂贵碧玺的消费者，并不是用来作为装饰品，而是作为有投资价值的理财产品，如同许多人购买房子并不是用来居住一样——通过市场的炒作，价格的翻涨，以获得增值和客观的利润回报。还有一部分人，觉得银行存款利率低，投资其他理财产品又不放心，于是变存款为存宝石，哪种宝石在市场受到追捧热卖，就买哪种，以求货币的保值及日后增值。以上这些因素都不同程度地催化了碧玺的卖点，拉动了碧玺的销量，抬高了碧玺的价格。

▲ 古垫形红色碧玺配钻石套装

❖ 稀少性

物以稀为贵，作为收藏品，人们认为天然的宝石矿物是不可再生资源，会越来越稀少，精品优质的宝石更是稀缺资源。因此，拥有一件品质好的碧玺，即视为珍宝，收藏起来，不再轻易出手。

应该说，无论理论依据，还是现实数据，都表明碧玺的价值和钻石、红宝石、蓝宝石、祖母绿、金绿宝石是不可比拟的。长期以来，碧玺在宝石系列中，被当作半宝石评定，价格较低。近年来，碧玺的价格虽然有了大幅上涨，公众认知度也有了大的提升，但仍属于中档宝石。碧玺的价格由其颜色、净度、透明度、重量、工艺五方面来确定。碧玺显著的多品种、多色性特征，决定了其多样化的价格，表现出极品、优品、一般品的差异，以及高、中、低价的差别。

▲ 未加热红碧玺耳坠
主石共重3克拉

▲ 碧玺配钻石及珐琅挂坠
此吊坠将雕刻成心形的红碧玺镶嵌在18K铂金中，边缘配镶圆形切割的钻石及黑色珐琅，设计独特。

从珠宝市场销售情况看，帕拉伊巴碧玺、铬绿碧玺、红宝碧玺的价格最高；蓝碧玺、红碧玺、绿碧玺、双色碧玺、西瓜碧玺、碧玺猫眼的价格高于其他颜色的碧玺；刻面碧玺价格高于弧面和圆珠碧玺的价格；碧玺吊坠、碧玺戒指价格高于项链、手串的价格（串饰以克计价）。所有颜色的碧玺都以色泽鲜亮纯正者价格最高，以无经过优化处理者最具收藏和保值空间。碧玺的色调中等偏深的通常要比颜色中等和颜色深的价格高。

蓝碧玺中，帕拉伊巴蓝碧玺最为名贵。10克拉以上的蓝碧玺很少，按颜色排序，最好的是纯蓝色（如蓝宝石，非常稀有），其次是紫蓝色、深蓝色、浅蓝色，再次是绿蓝色。

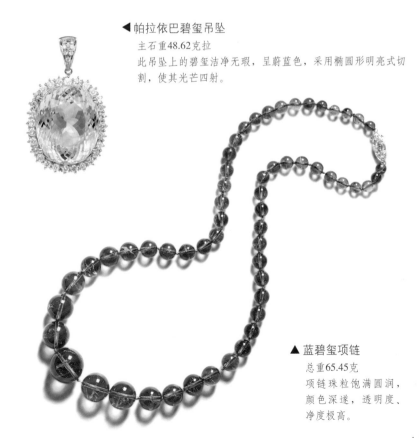

◀帕拉依巴碧玺吊坠

主石重48.62克拉

此吊坠上的碧玺洁净无瑕，呈蔚蓝色，采用椭圆形明亮式切割，使其光芒四射。

▲蓝碧玺项链

总重65.45克

项链珠粒饱满圆润，颜色深邃，透明度、净度极高。

红碧玺中，红宝碧玺因其颜色类似红宝石，最为名贵。按颜色排序，最好的是玫瑰红色、紫红色，其次是桃红色、粉红色，再次是粉色、浅粉红色。

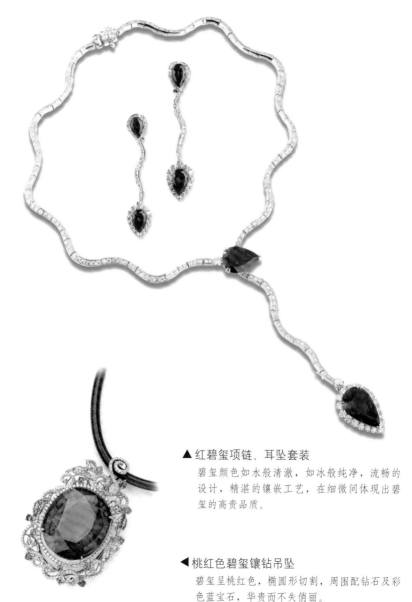

▲ **红碧玺项链、耳坠套装**
　碧玺颜色如水般清澈，如冰般纯净，流畅的设计，精湛的镶嵌工艺，在细微间体现出碧玺的高贵品质。

◀ **桃红色碧玺镶钻吊坠**
　碧玺呈桃红色，椭圆形切割，周围配钻石及彩色蓝宝石，华贵而不失俏丽。

　　绿碧玺中，铬绿碧玺因其鲜艳翠绿的颜色类似祖母绿，最为名贵。绿碧玺按颜色排列，最好的是祖母绿色（翠绿色），其次是黄绿色、蓝绿色，再次是深绿色、褐绿色。

◀绿碧玺镶钻吊坠

主石重47.29克拉

绿色碧玺呈正方形，颜色鲜艳、均匀。底托为镂空工艺，精巧细致。吊环处镶一长方形西瓜碧玺，其设计独具匠心。

▶绿碧玺镶钻吊坠

主石重22.22克拉

此吊坠设计新颖，碧玺采用玫瑰式工，将绿色展现得淋漓尽致，周围嵌钻石，光彩夺目。

　　双色碧玺，通常一端为红色，一端为绿色，也有一端为黄色，一端为绿色的情况。近年来，双色碧玺的价格大幅上涨，通常双色碧玺比同体单色碧玺的价格要高，但不包括帕拉伊巴碧玺、铬绿碧玺和红宝碧玺。

◀ **双色碧玺镶钻戒指**
主石重30.73克拉
双色碧玺色彩艳丽，质地纯净，散发出柔和的光芒，色泽静谧优雅，以白色18K金衬托，更显诱人。周围镶嵌华美的钻石，特殊的三角形指环，使佩戴效果更佳。

◀ **西瓜碧玺镶钻吊坠**
主石重61.92克拉

▲ 西瓜碧玺项链

碧玺猫眼，常见有红色和绿色两种。高品质的碧玺猫眼不多见，大多不透明。碧玺猫眼以猫眼线较细，转动时猫眼线灵活且不断、不歪斜的为佳。碧玺猫眼一般比同体色的透明刻面碧玺的价格低。

黄碧玺，按颜色排序为金黄、纯黄、橙黄、褐黄。黄碧玺比同体红、蓝、绿碧玺价格要低得多。

黑碧玺，因含铁量较多呈黑色，通常当作标本，很少琢磨成宝石，价格便宜。

▲ 碧玺猫眼配钻石吊坠
主石重12.589克拉

碧玺要到哪里买

目前在广州、深圳、东海、香港等地的珠宝交易市场上都能看到碧玺的身影，在以下珠宝市场购买碧玺较为有保障，但是，购买前多看、多比较，购买时索要国家正规检测证书也是必不可少的。

❀ 广州荔湾广场珠宝批发市场

广州荔湾广场珠宝批发市场运用其累积多年的经营理念和经验，将全国和世界各地的珠宝生产基地汇聚于此，是目前全球规模最大的珠宝首饰批发交易市场。

❀ 深圳水贝珠宝批发市场

深圳水贝国际珠宝交易中心，是目前国内最具影响力、交易量最大的珠宝专业交易市场，集中了来自中国、美国、意大利、泰国、中国香港及中国台湾等众多珠宝产业发达的国家和地区的100多个知名珠宝企业及品牌，是深圳黄金珠宝产业集聚基地内最重要的交易、文化、信息交流平台，也是"中国（深圳）国际文化产业博览交易会"分会场之一。水贝珠宝交易中心在深圳乃至全国珠宝行业中占据主导地位。目前，水贝珠宝批发市场已成为国内最大的珠宝加工批发聚集地。

❀ 东海珠宝批发市场

江苏省东海县水晶批发市场主要经营天然水晶、水晶工艺品、水晶加工机械、其他矿产品及珠宝玉石产品等，营业辐射面积遍及全国大、中城市以及欧美、日韩、东南亚、中国香港、台湾等国家和地区，进出口额占市场交易额的40%以上。

▶ 巴西蓝碧玺配彩色宝石戒指
主石重11.78克拉
意大利设计师精心设计，18K金镶嵌巴西蓝色碧玺配以彩色宝石，造型独特别致，豪华雅致。

▲ 古垫形红碧玺项链

✽ 香港珠宝展会

香港国际珠宝展（HONG KONG INTERNATIONAL JEWEL-LERY SHOW）是全球三大珠宝展览会之一。香港是全球六大贵重珠宝首饰出口地之一，也是享誉业界的国际级珠宝贸易盛会。

▼ 碧玺转运珠戒指

两款戒指都以圆球状碧玺为主石，桃红色艳丽，蓝色深沉，两颗珠粒通透度极高。此款戒指设计新颖、独特，简约而时尚。

▲ 碧玺莲花手链

如何挑选碧玺饰品

    碧玺的品相与其他宝石相同，均以颜色、光泽、透明度、内含物、重量、瑕疵等作为评价的依据。一般而言，碧玺要求晶莹剔透，越透明质量越好。成色要求颜色均匀艳丽，在项链和手链中则以颜色丰富为佳，双色碧玺或多色碧玺，则价值更高。据《周易》记载："红黄为阳，绿白为阴，阴阳和而生万物。"碧玺多色共生，所以又被称为风情万种的宝石。

    挑选碧玺饰品主要从透明度、成色、纯净度三个方面选择。

看色彩

    碧玺有近百种色彩，是彩色宝石中色彩最丰富的一个品类，碧玺的价值很大一部分取决于碧玺的色彩，因为色彩是人们对于宝石的第一感受。碧玺的颜色

▶ 天然橙红色碧玺配钻石戒指

主石重10.035克拉

18K金镶嵌天然橙红色碧玺戒指，宝石内部洁净，颜色艳丽。戒臂配镶红宝石、钻石，使戒指光芒四射。

◀红宝碧玺配钻石、蓝宝石
吊坠

主石重152.74克拉
天然红宝碧玺色泽浓郁浑
厚，明丽天成，配以钻石、
彩色蓝宝石，华丽典雅。

涵盖了各种色系，每个色系又有更细致的分类，色调和饱和度也非常
重要。总体来说，明亮的、鲜艳生动的、明暗适中的颜色价值最高，
最受欢迎。颜色以玫瑰红色、紫红色、绿色和纯蓝色为最佳，粉红
色、黄色、褐色和黑色次之，无色最差。

看净度

无论是宝石还是水晶，评判其价值的另外一个重要因素是净度，
即宝石内含有杂质的多少。碧玺是天生内部冰裂很多的彩色宝石，通
透度较差，而通透度较好又可能使晶体内的冰裂显露无疑。因此，碧
玺永远都不能与晶莹剔透的水晶相比——冰裂纹是太遗憾的特质。所
以，选择碧玺就要接受它的这点遗憾。

▲ 彩色碧玺塔链（2条）

　　两条塔链尺寸略有不同，但碧玺珠粒色彩丰富，颜色浓郁，透明度高。

看工艺

　　碧玺是大自然给予人类的珍贵资源，但是必须靠工匠灵巧的双手和智慧的头脑才能将碧玺华美的火彩和美丽的晶体完全地释放出来。

　　碧玺的切割方式和碧玺的颜色一样多变，通常采用钻石的明亮式切割法——最常见的一种类型，该琢型的刻面从中心向外呈放射状排列，按照规定的比例磨成不同的大小和形状，使进入宝石的光从亭部很少漏出，以增加其亮度。最常见的明亮琢型为标准圆形明亮型（是由57个或58个刻面按一定规律组成的圆形切工，也称理想式切工，顶部的平面被称为台面，直径最大的部位为腰围，腰围以上为冠部，腰围以下为亭部），此外，还有祖母绿型、椭圆型、混合型等多种切割方式。

▲ 浅绿色碧玺裸石

11.85克拉

该裸石颜色清丽，晶莹剔透，采用明亮式切割，更显闪耀。

　　碧玺的雕刻品由工匠纯手工雕刻而成，弥勒佛、龙、鱼、葫芦、如意等形象，需要根据每块原石的特点设计不同的雕刻方案，所以每一个碧玺雕刻吊坠都是独一无二的存在。

▲ 红碧玺弥勒吊坠

此吊坠雕一笑口常开大肚弥勒，弥勒大腹便便，慈颜常笑，旁边一只飞翔的蝙蝠，有福来之意。

▲ 碧玺雕龙腾印章

　　此印章用绿色碧玺精雕而成，龙形生动逼真，工艺精巧，匠心独具。

碧玺投资与收藏

由于碧玺颜色鲜艳、多变且透明度又高，自古以来深受人们的喜爱，是人们最喜爱的高中档宝石之一，被誉为十月的生辰石。由于碧玺较脆，在雕琢打磨过程中容易产生裂隙，因此，自古以来能成型的大颗碧玺收藏品非常难得。

在近几年举行的珠宝拍卖会上，色彩艳丽、体积大的碧玺价格呈上升趋势非常明显。2006年欧洲国际珠宝展上，一些国际品牌如法国的CLIO等展出的极品碧玺，当天几乎全部订出，被新闻界称为"珠宝展的最大赢家"。2006年11月，嘉德拍卖会上，一件蓝色云蝠纹碧玺吊坠，估价1.5万~2.5万元，结果却以4.4万元高价成交。在中国香港佳士得拍卖会上，一件粉红色碧玺雕件最终以47.1万港币成交。而在中国嘉德的一次拍卖会上，一件长3.6厘

▶ 清乾隆 · 天青碧玺螭钮印章

印章采用天青色碧玺，色彩喜人，光亮润泽。巧雕双螭衔灵芝钮，双螭首尾相向，口衔灵芝，生动形象，印面呈椭圆形。

▶ **18K白金镶红碧玺吊坠**
主石重24.57克拉
红色碧玺颜色浓郁、纯正，垫形切割，古香古色，配以藤
蔓及流苏元素使吊坠显得秀气温婉，造型美观。

米、宽2.5厘米、高4.5厘米的天青碧玺螭钮印
章，因采用天青色碧玺为原料，最终以17.6万元
成交，高出估价10倍左右。

　　据有关资料显示，2005年国际碧玺原料价
格一年内上涨了差不多12倍。如今，中高档碧玺
的价格与前几年相比上涨了近80倍。颜色好的，
特别是玫瑰红色，红宝红色的优质碧玺的价格更是上涨了近百倍，由
此引发的碧玺精品拍卖、收藏的势头节节攀升。

　　近年来，与价格暴涨的翡翠、新疆和田玉等相比，彩色宝石的涨
幅并不是特别大，特别是碧玺等中高档宝石的价格还处在相对低位，
使得这些宝石有了更大的升值空间。

　　在满足女性朋友追求时尚、美丽
的同时，宝石也兼具保值增值的价值。
但是，收藏并不能只凭一时的狂热，还
要有足够的知识积累。很多人在旅游地
或国外宝石产地买回来的"物美价廉"

◀ **18K白金镶天然红碧玺吊坠项链**
主石重192.90克拉
红色蛋面碧玺周围配镶钻石，项链整圈镶满圆
形钻石。此吊坠项链镶嵌工艺十分精细，为意
大利工艺，十分值得收藏。

的碧玺最后被证实要么是经过人工处理的，要么是玻璃的仿制品。所以，要学会正确地辨别碧玺的真伪，能对碧玺的品质做出正确的评价，否则就是拿自己的钱财开玩笑。

对于合成碧玺与经过人工优化处理的碧玺来说，即使它们价格便宜，多数人还是不愿意接受它们，因为大多数人购买珠宝时，不论出于什么目的，潜意识里或多或少都存在投资情结，希望购买的珠宝能够升值。人们很自然地以为只要是天然的就一定可以保值增值，但事实并非如此！

在进行碧玺投资收藏的时候应该注意哪些问题？

选择合适的碧玺收藏品种

❉ 帕拉依巴碧玺

碧玺中最为珍贵的要数帕拉伊巴碧玺（Paraíba）。其颜色被称为"霓虹蓝"或"电光蓝"。出产于巴西帕拉地区明拉达巴赛哈一带。帕拉伊巴碧玺明亮异常，即使很小的一粒也能光艳四射。

帕拉伊巴碧玺是一种新型宝石，从发现距今不过20年的历史。1989年，一支由海特尔·巴博萨（HeitorBarbosa）率领的宝石勘探团队在巴西帕拉伊巴州萨尔加迪纽的MinadaBatalha矿区发现了一颗非常明亮的、蓝色的、重10.5克的碧玺原石。它的铜（Cu）元素和锰（Mn）元素含量很高，明显不同于其他锂电气石，并以不同寻常的地位出现在宝石世界中。如此鲜艳的蓝绿色并闪耀着电光火石般霓光的碧玺立刻引起了宝石界的轰动。这种霓虹蓝色碧玺因产地帕拉伊巴而得名，不过该处矿区已经停产。后来分别于2001年和2005年在尼日利亚及莫桑比克两地发现了新的矿床，这对喜爱帕拉伊巴碧玺的人来说无疑是个天大的好消息。然而，两地矿产的使用名称却引起了不少争议，尽管"帕拉伊巴"只是一个商业名称，但有人认为，唯有在巴西产出的霓虹蓝色碧玺才能拥有"帕拉伊巴"的名称。

▲ 帕拉依巴碧玺镶钻吊坠
主石重36.918克拉

▲ 枕形莫桑比克天然帕拉伊巴碧玺吊坠项链
主石重25.89克拉

　　宝石界最具名望的LMHC（Laboratory Manual Harmonization Committee，实验室人工协调委员会）在2007年宣布，这种从巴西、莫桑比克及尼日利亚开采出来的含有铜元素的碧玺，正式定名为"帕拉伊巴"碧玺。换句话说，依照科学鉴定观点，只要成分内含有一定量铜元素的碧玺，即为帕拉伊巴碧玺，对碧玺的产地并没有限制。而持产地主义观点的宝石商及收藏者，则仍视巴西帕拉伊巴地区出产的含铜锰元素的电气石为唯一可被称为"帕拉伊巴"的碧玺。

　　目前，碧玺中以帕拉依巴碧玺的价位最高。这种顶级碧玺的零售价可达每克拉2万美元以上。"物依稀为贵"，资源的稀缺性是宝石升值的一个必要因素。因此，如果资金允许，投资这种资源超级稀缺的帕拉伊巴碧玺是您的首选。

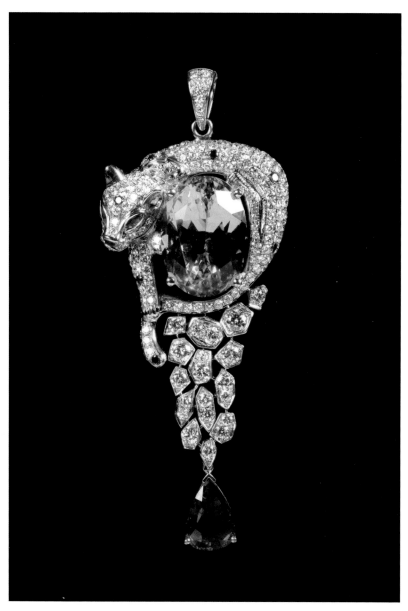

▲ 帕拉依巴碧玺吊坠

此件作品采用稀有硕大的帕拉依巴碧玺为主石，以精美的白色钻石群镶，两颗祖母绿和一枚酒红色碧玺点缀其中，打造一只豹子形象，整件作品极尽华彩而不失灵动，是一件不可多得的珍品。

❀ 西瓜碧玺

西瓜碧玺也是碧玺中非常稀有的一种。在一颗晶石里，中心为粉红色，边缘绿色或中心为绿色，边缘为粉红色的电气石被称为西瓜碧玺。由于其颜色酷似西瓜的果肉和果皮，因此得名西瓜碧玺。西瓜碧玺的数量也非常稀少，是最有特色的品种之一，所以价格较高，是高价追逐的碧玺之一，因此投资收藏也可考虑。另外，据相关资料记载，慈禧太后的殉葬品中有一个用西瓜碧玺制成的枕头。

▲ 双色碧玺戒指
主石重13.6克拉
此款戒指颜色过渡温软柔和，纯净清新。

▲ 西瓜碧玺吊坠
主石重21.99克拉
本款吊坠镶嵌碧玺十分硕大，色彩界限分明，切割工整。设计师选用经典的维多利亚风格，由钻石和彩色宝石簇拥着碧玺，整体雍容华贵，具宫廷气息。

❋ 红宝碧玺

红宝碧玺（Rubellite）是碧玺中一个极其珍贵的品种，意为像红宝石一样的碧玺。从名字可以看出它珍贵、稀有的品质，这种艳丽出色的宝石被宝石学家赋予决断性的特质——色彩纯正、艳丽且极为稳定。在多彩的宝石世界里除红宝石之外，很难有一种宝石能与之相比较。红宝碧玺的优质产地主要集中在巴西、非洲等地区，各种矿藏中红宝碧玺的产量极其稀少，并且要经过严格的品质评定。珍贵的品质和稀有的矿藏使红宝碧玺的价值远高于其他普通碧玺。

具有高贵品质和独特魅力的红宝碧玺，很早就受到皇室贵族的青睐。在清代后宫的饰品中，红宝碧玺数不胜数，而慈禧对红宝碧玺的迷恋更是无人可及——她酷爱红宝碧玺艳丽热情的颜色和高贵的气质。在各种拍卖会上，红宝碧玺的价格一直处于上涨情况，并不断刷新交易纪录。红宝碧玺已经悄然成为国内外收藏家和投资者追逐的焦点。红宝碧玺以其独特的魅力，在火热的彩色宝石市场中脱颖而出，成为时尚佩戴和投资收藏的上选至宝！红宝碧玺也是近年来价格增长最显著的碧玺品种之一。清澈的红宝碧玺晶体并不多见，如果遇到，一定不要错过！

▲ 红宝碧玺戒指

夺目的火彩是这款红宝碧玺戒指的最大特点。以整圈大颗钻石作为陪衬，突显了红宝碧玺的光彩夺目，戒指款式简洁大气。

◀ 红宝碧玺吊坠

主石重10.85克拉

此吊坠将红宝碧玺配以整圈钻石镶嵌，镶嵌工艺细腻、规整。主石颜色深邃，佩戴效果雍容华贵。

❀ 蓝碧玺和绿碧玺

绿碧玺的颜色从黄绿色到蓝绿色都有，其中接近祖母绿颜色的绿碧玺价格最为高昂。其次，因为帕拉依巴碧玺的价格近年来在市场上持续走高，蓝色调碧玺的行情也十分看好。

对于其他十分特殊的品种如"碧玺猫眼"，如果品质上佳，也可考虑。

◀巴西绿碧玺配彩色宝石戒指
主石重12.86克拉
此戒指以巴西绿色碧玺搭配彩宝，颜色搭配独特，珍奇华美，整件饰品洋溢着青春动感之美。

▶蓝色碧玺"竹韵"套装
此套装将蓝色碧玺切磨成竹叶形状作为主石，白金打造成竹节状并镶嵌满钻作为项链及耳钉部分。套装整体造型优雅大方，白色与蓝色搭配更显清新淡雅。

▲ 碧玺猫眼项链

碧玺的重量选择

　　作为投资收藏，宝石的重量是必须要考虑的因素。即使是再名贵、稀少的宝石，如果颗粒太小，投资收藏的意义也不大。比如，钻石或顶级鸽血红宝石，至少1克拉以上才有投资收藏的价值；优质祖母绿，至少2～3克拉才有投资、收藏的价值；完美的海蓝宝石或者紫黄晶，至少在几十克拉以上才有投资价值。对于碧玺来说，如果是帕拉伊巴碧玺，至少2克拉以上；如果是优质的西瓜碧玺或红宝碧玺，至少10克拉以上；其他种类的优质碧玺，则至少是30克拉以上才值得投资、收藏。当然，如果财力允许，重量越大，其投资的价值越高。

▲ 红碧玺配彩色刚玉及钻石吊坠项链

主石重90.16克拉

红色碧玺体形硕大，颜色浓郁，切割成心形，配以彩色刚玉及钻石更显其高贵典雅。项链设计成花型，并镶嵌满钻，项链与吊坠可拆分单独佩戴。

◀ 18K黄金镶绿碧玺吊坠项链

主石重28.48克拉

此吊坠以18K黄金为底托，绿色碧玺枕形切割，两侧以钻石级蓝宝石为点缀，造型古朴典雅。

碧玺的品质考虑

选好投资品种，确定晶体的颗粒大小后，接下来要考虑的是碧玺的品质。即便不做投资，品质也是每个消费者在购买碧玺时必须要考虑的重点因素之一。所谓好的品质首先必须确保天然——没有经过人工优化处理或者合成。

天然碧玺质量的衡量标准有以下几点。

第一，颜色纯正、浓艳、饱和度高。

第二，瑕疵越少越好。例如，裂隙、棉絮、各种颜色的矿物包体等要尽量稀少，同时表面形状要完整，不能有缺损或磨损。

第三，透明度要高。一般来说越透明越好，除了部分稀少品种（如碧玺猫眼）除外。

第四，切工要完美。如果是刻面型的宝石，则面棱平直、刻面角度精确，不能有线面没有交于一点或多余小面等粗糙切工的现象出现。如果是弧面型宝石，则外形必须圆润饱满，不能出现多余小面。无论是刻面型还是弧面型，外形必须保持对称性好、不能出现抛光痕等打磨痕迹。同时，值得注意的是，某些名贵碧玺品种的产地也需要考虑在内，如"帕拉伊巴碧玺"。

在这里，我特别想强调的是，作为投资的碧玺，品质必须是顶级的，且没有经过任何人工处理，甚至没有经过"热处理"。热处理虽然已被大众接受，国内的检测机构出具证书时也不必说明，但热处理过的宝石与没有经过任何处理的宝石相比，其价格和投资、收藏的价值也会大打折扣。热处理并不难鉴别，因此大家在进行投资收藏时应该注意这一点。同时，对于一些重量级的碧玺投资，以国际权威机构的证书作为保障还是非常有必要的。

◀ 红碧玺配沙弗来石及钻石"龙龟"纸镇

▲ 红碧玺配彩色宝石及钻石项链

主石重216.84克拉

此吊坠所镶红色碧玺为椭圆形尼日利亚天然碧玺，未经加热处理，色泽浓艳，品质极佳。链条状项链部分镶嵌彩色宝石及钻石，工艺细致。整条项链简单、大方、低调、华贵。

看懂鉴定证书

目前投资高档彩色宝石最好有国际权威的检测机构出具的鉴定证书，碧玺也不例外。比如美国宝石学院的GIA证书、瑞士宝石鉴定研究所的GRS证书和古柏林宝石实验室的GGL证书。这些权威检测机构不但对宝石做精确的检测，同时在有证据时对宝石的产地也会做出说明，甚至对宝石的稀有程度给出评级。这些对于宝石投资者来说都是非常重要的依据。

国际证书不仅要有，更要会看。国际权威机构的证书以英文为主，然而，即使精通英语的人，在看宝石证书时有一些专业术语也不见得能看明白。由于在宝石加热问题的鉴别上，瑞士人做得比美国人更出色，因此瑞士的证书也具有更高的国际权威度。下面，我仅以GRS的帕拉伊巴碧玺证书为例，简要介绍一下应该重点关注的几项内容和相关术语。

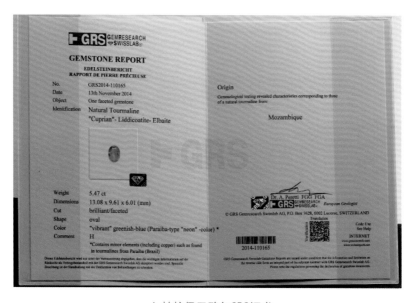

▲ 帕拉伊巴碧玺GRS证书

GRS中英文对照表

英文	中文
Identification	鉴定结果
Weight	重量
Dimensions	尺寸
Cut Facet Cabochon	切工 刻面型 弧面型
Shape 　　Oval 　　Cushion 　　Pear 　　Octagonal 　　Heart 　　Round 　　Triangle 　　Briolet	形状 　　椭圆形 　　枕形 　　梨形 　　祖母绿型 　　心形 　　圆形星石 　　三角形 　　水滴形
Color	颜色
Comment	备注
Orign	产地
Raritycomment	稀少性备注

❀ Identification——鉴定结果

这里会给出经过鉴定确认的宝石名称，比如碧玺（tourmaline），"cuprian-elbaite"指"铜锂碧玺"，即给出了碧玺的致色元素。为后面备注中注明的"帕拉伊巴碧玺"提供了依据。

你也许注意到证书上宝石名称前面还标注了"natural"（天然的），不过千万不要以为这里写明natural就没有任何问题了。这里的natural只能表明宝石不是经过合成的，并不能证明宝石没有经过任何的优化处理。

▲ 猫眼碧玺戒指

主石重18.33克

此猫眼碧玺体形较大，颜色浓郁，可见丝状内含物，放大镜观察可见少量填充物。

❖ Color——颜色

颜色的描述并不像我们想象的那样简单，由于颜色是对彩色宝石价值影响最大的因素，为了尽可能准确地描述颜色，GRS通常采用"修饰词+修饰色+主色"的描述方式，如"pastelgreen-blue"，即柔和的蓝绿色，括号中"paraiba-typecolor"明确地指出为帕拉伊巴碧玺。

我们需要特别注意看的除了主色，还有主色前面的修饰色和修饰词。不同的修饰词代表的颜色级别不同，价格也不同。

▶ 碧玺耳坠

此耳坠设计简单、精巧，两颗圆形蛋面切割碧玺颜色略有不同，各有特色。

❖ Comment——备注

虽然宝石名称前面的"natural"并不能完全证明宝石的纯天然性，但是GRS对宝石优化处理的表述都是从备注这一部分开始的，因此"comment"是GRS证书里不可忽视的非常重要的一个部分。

以最普遍也是最难鉴别的加热处理方法来说，如果GRS发现了任何加热处理的证据，证书中"comment"这一栏会出现大写的英文字母H，这是heat（加热）的缩写，而且根据宝石加热后产生的热处理证据的多少进一步分级：

H（a）或E代表：热处理微量残留物　（愈合裂隙有硼砂等残留物）；

H（b）或E代表：热处理少量残留物　（愈合裂隙有硼砂等残留物）；

H（c）　代表热处理：中量残留物　（裂缝或洞痕愈合处有硼砂或玻璃状物质等残留物）；

H（d）代表热处理：明显残留物　（裂缝或洞痕愈合处有硼砂或玻璃状物质等残留物）；

H（Be）：代表以轻微元素进行热处理，例如，铍扩散处理。

加热对碧玺的投资价值必然有影响，但不等于热处理的碧玺就完全不能投资。实际上，只要碧玺的品质好、颗粒大，经过轻微加热[H（b）以上]的宝石一样可以投资，只是它的投资价值相比未经加热处理的碧玺来说要小一些。

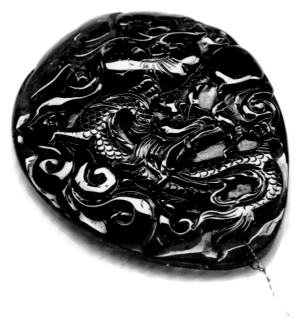

▲ 红碧玺祥龙牌

　碧玺上下两端颜色稍浅，雕成祥云图案，中间颜色较深，用浮雕技法雕成一条在云中飞翔的祥龙。此牌工艺精巧，寓意吉祥，适宜佩戴、把玩。

如果GRS没有找到任何热处理的证据，证书上"comment"一栏会标注"No indication of thermal treatment"（没有热处理迹象）或直接写上大写字母A。

Comment一栏还有其他字母简写的意义如下。

E（IM）：代表包括铍元素等轻微元素之扩散式热处理，诱发形成色域及颜色中心（此法和传统表层热扩散处理不同），视为永久性处理，重切磨需特别注意颜色区域分布。

LIBS：代表 LIBS激光诱导击穿光谱仪检测。

CE：代表 Clarity Enhancement 净度优化。

CE（O）：代表浸油（净度优化）处理。

Driedoutfeatures： 表示该宝石可在进一步的处理下提升净度等级。

None：无。

Minor（Insignificant）：轻度。

Moderate： 中度。

Prominent（Significant）： 显著。

C： 代表 Coating 镀膜处理。

D： 代表 Dyeing 染色处理。

O： 代表 Oil 浸油处理（包括有色或无色油以及类似环氧树脂和蜡状物质）。

R： 代表 Irradiation 辐照处理（原子轰击式）。

U： 代表Diffusion表层热扩散处理（俗称二度烧）。

FH： 代表 Fissure Healing愈合裂隙。

▶ 绿碧玺吊坠项链

　　方形切面碧玺，盈动透亮，沉稳优雅，配以彩金美钻辅饰，熠熠生辉，简约而经典。

✤ Orign——产地

不是每个GRS证书上都看得到这一栏，只有在GRS找得到确凿的证据能够证明产地的情况下才会在证书的右侧出现这一栏。在这张证书上，我们会看到这样的描述：

Gemmological testing reveald characteristics corresponding to those of a natural tourmaline from：

Mozambique

宝石学检测结果显示该天然碧玺来自于：莫桑比克

✤ Raritycomment——稀少性备注

这一栏同产地一样，不是每个证书上都有，是GRS在对比自己的检测数据库和近15年的全球拍卖行的拍卖纪录后，只针对那些确实特别突出的宝石才会给出的稀少性备注。GRS给出稀少性备注，对于投资人的投资意义是不言而喻的。

虽然我们为大家分析了很多投资、收藏的建议，但任何知识在实际应用的过程中都不能照本宣科，究竟应该如何对碧玺进行投资还需要根据国家当前的经济条件、形势和市场行情等综合考虑。但要把握一点，那就是宝石的价值最终取决于它的稀缺性，越稀有就越珍贵，升值的空间也越大。

虽然目前大家都看好彩色宝石的投资市场，而碧玺作为一种重要的彩色宝石当然有充分的投资收藏理由，但千万不要盲目投资，"投资有风险，入行需谨慎"。

▶ **彩色碧玺手串**
  此手串色彩明艳，透明度极佳，明净清新。

▲ 粉红色碧玺珠链

▲ 18K白金镶红碧玺耳坠

主石总重17.19克拉

红色碧玺颜色均匀，透明度高，打磨成水
滴形，端庄秀气。18K白金镶满钻，更显
华丽气质。

▲ 18K白金镶碧玺吊坠

▲ 绿碧玺耳钉

　　黄金镶嵌椭圆形绿碧玺蛋面，浓郁饱和，晶莹通透，设计简洁大方，尽显时尚的美感。

▲ 18K白金镶绿碧玺戒指及项链

◀ 18K白金镶碧玺弥勒吊坠

碧玺的"功效"

天然矿石的各种功效由来已久，比如古代中医使用的"砭石"，曾被誉为道家的"药石"，用以炼"仙丹"等。碧玺作为一种天然矿石也有一些特殊的"功效"。

碧玺，作为一种天然矿物，人们对其功效给予厚望。由于碧玺具有典型的压电性与热电性，这种特性使碧玺在受到压力或者受热的情况下表面会带有电荷，这些电荷与空气中的异性电荷具有相吸性，对空气中带有异性电荷的灰尘具有吸附作用。

▲ 双色碧玺金玉满堂挂坠

此挂坠大部分为红色，内部绿色呈线状分布，沿此线将上部雕成两尾金鱼，寓意金玉满堂，下部雕成藕节，寓意多子多福。

▲ 红碧玺吊坠

主石重50.07克拉

碧玺枕形切割，颜色亮丽，透明度高。周围镶嵌钻石，造型古朴典雅。

有人认为碧玺因热电性和压电性而释放的阴离子能够很好地调和空气中的阳离子，空气中的阴离子能促成人体合成和储存维生素，强化和激活人体的生理活动，对人体及其他生物的生命活动有着十分重要的影响。如雷雨过后，空气中负离子增多，人们感到心情舒畅。空调房间内，因空气中阴离子经过空调一系列的净化处理和漫长通风管道后几乎全部消失，所以，人们长期停留在空调环境中会感到胸闷、头晕、乏力，工作效率和健康状况下降，被称为"空调综合症"。在医学界，阴离子被确认是具有杀灭病菌及净化空气的有效手段。其机理主要在于阴离子与细菌结合后，能改变细菌的产生结构，并能转移细菌的能量，导致细菌死亡，最终降沉于地面。

医学研究表明，空气中带有负电荷的微粒能增加血液的含氧量，有利于血氧输送、吸收和利用，具有促进人体新陈代谢，提高人体免疫能力，增强人体肌能，调节肌体功能平衡的作用。因而人们认为带有阴离子的矿物碧玺如同一个天然的空气净化器一样，具有随时随身调和阳离子的作用。还有人认为碧玺辐射出的远红外线与人体能达到很好的协调，可被人体全部吸收。

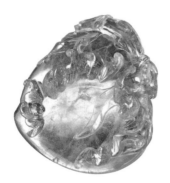

▲ 双色碧玺"五福献寿"吊坠

▶ 绿碧玺吊坠及耳坠
18K玫瑰金镶嵌天然绿色碧玺，鲜亮通透，颜色清新怡人，配镶钻石，璀璨明媚。

有些人还认为碧玺具有医用价值。由于碧玺化学成分复杂，内含多种矿物元素，经过商家的炒作和扩大化宣传，人们认为碧玺具有一定的医疗保健作用，佩戴碧玺对人体有益处，不仅能起到装饰的作用，还有防病治病的功效。

还有人认为碧玺可以护身辟邪。碧玺在过去被叫作"碎邪金"，谐音与"辟邪"相近，人们认为佩戴碧玺吉利，能起到护身、趋利辟邪的作用。

碧玺真的有这么多功效吗？其实任何功效之说都没有得到科学的证实，也缺乏科学的依据。碧玺的压电性与热电性是否能调节空气中的阴阳离子，是否能配合人体磁场达到调节人体机能，也没有得到专门的实验证实。至于内含多种矿物元素而具有医疗保健作用，可以防病治病，也未免有点儿言过其实。大多是人们对美好愿望的一种期望，更多的是商家宣传的手段。

▲18K白金镶红碧玺戒指及吊坠
吊坠主石重4.33克拉；戒指主石重5.29克拉
碧玺颜色纯正，设计精妙，配镶钻石，光彩熠熠。

◀蓝碧玺吊坠
碧玺颜色纯净至美，明净清新。

▲18K玫瑰金镶红碧玺吊坠

　　如果一定要说碧玺等宝石有何功效的话，我个人认为，对于那些深信晶石具有神奇功效的人来说，心理功效还是很强的。俗语说"信则灵"心理学已经证明，强大的心里暗示对人的情绪和疾病的治疗都是有作用的。

　　碧玺等宝石各种功效之说已经成为当下日益流行的宝石文化中不可或缺的组成部分，我个人并不相信碧玺等宝石具有所谓的神奇功效，但对这种文化现象并不排斥。也许我们对碧玺等宝石的了解还只是冰山一角，或许未来的某一天，科学更加发达，测量仪器更加先进，碧玺、水晶等宝石的某种功效能够得到证实也不一定。毕竟，人类的文明历史相对于宝石的生长历史来说太微不足道。

▲18K金镶碧玺吊坠

▲18K金镶素面彩碧玺吊坠
此款项坠设计取竹之清雅，玉兰之纯洁，彩色素面方形碧玺之方正气，三者合而为一，展现现代女性的个性与独立。

▶18K金镶绿碧玺吊坠
主石重2.57克拉

碧玺的保养

　　与大多数玉石、水晶一样，碧玺经佩戴之后，光泽会更佳，晶体会更通透，且在短时间内就会发生明显的变化。几年之间，碧玺从鲜为人知到价值显耀，已成为珠宝市场的新宠，其明媚的光泽、斑斓的色彩与人的心灵交会相通，呈现出变幻无穷的灵性与美感，如一道道奇特的人间彩虹，在静隅之处烁烁闪耀。

▶18K金镶碧玺吊坠
　　18K金镶钻"飘带"缠绕在方形绿色碧玺两侧，顶部系一朵蝴蝶结。吊坠灵动俏丽，动感时尚。

◀红碧玺镶钻戒指

　　碧玺的摩氏硬度为7～7.5，较脆，晶体内部多见包体。需要注意的是，佩戴碧玺时应特别注意避免撞击，绝对不要将碧玺放在高温水中清洗或在火中烘烤，这样很容易使碧玺内部的包体膨胀，造成碧玺产生裂纹。日常生活中碧玺保养应遵循以下几个步骤。

　　第一，碧玺较脆，如果遇到磕碰可能导致碧玺出现裂痕，在佩戴碧玺手链、戒指时尤其要小心；碧玺耳钉、吊坠因为不直接参与触碰，所以相对安全。碧玺还要避免接触高温和热水（会褪色），洗澡时不要佩戴。

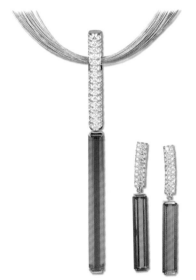

◀**绿碧玺项链坠、耳坠套装**
碧玺颜色青翠欲滴，透明度高，祖母绿式切割，古朴典雅。

▶**双色碧玺戒指**
玫瑰式切割双色碧玺周围镶嵌满钻，星光熠熠，高贵奢华。

第二，不要把碧玺首饰与其他首饰放置于同一屉盒内，以免互相摩擦导致磨损。因为碧玺的摩氏硬度相比其他宝石略高，会划伤和磨损其他宝石，如水晶、翡翠、玉石等；而钻石饰品、红宝石蓝宝石饰品则属于刚玉，比碧玺硬度更高，反而会磨损碧玺。所以在保存碧玺首饰时最好单独存放，或者单独包装后与其他饰品一同存放。

第三，无边镶与微镶的碧玺首饰，佩戴时要尽量避免碰撞，因为无边镶和微镶工艺是为了更好地突出碧玺宝石的美观，弊端就是牢固程度不高，容易脱落，所以如果发现松动现象，应及时修理，以免珍贵的碧玺宝石掉落。

◀ 碧玺"欢喜如意，福在眼前"吊坠
吊坠呈粉红色，透明度高。吊坠上雕刻双獾、蝙蝠、如意、铜钱纹样，寓意"欢喜如意，福在眼前"。

▶ 淡绿色碧玺戒指

▲ 彩色碧玺项链

第四，碧玺长时间佩戴时，会沾上人体分泌的油脂与汗渍，从而失去光亮，所以，最好每月清洗一次碧玺首饰，清洗的方式很简单，只要用清水浸泡数小时后，用柔软吸水的棉布擦拭即可，绝对不可以放入超声波震荡机中清洗——会导致破裂。

▶绿碧玺雕观音吊坠

▲蓝碧玺吊坠

淘宝实例辨析

碧玺的市场行情

颜色缤纷多变的碧玺被视为彩虹宝石，近年来其价格扶摇直上，一跃成为收藏界的宠儿，升值潜力不容小觑，但是并非所有的碧玺都值得珍藏，因此，拍卖场上所谓的"天价碧玺藏品"只是少数，只有那些晶体通透纯净、体积较大、颜色鲜艳、切工高超、品质超群的碧玺，才具有升值空间和收藏价值。

近两年，中高档碧玺出现了近两倍的价格涨幅，一跃成为继翡翠、和田玉和钻石之后的又一热门投资品种。目前市场上的中高档碧玺饰品以克拉为单位，成色好的每克拉售价在6000～7000元。超过10克拉的高档碧玺，售价为每克拉9000～12000元。一枚重量30克拉的

▶ 蓝碧玺镶钻耳坠
主石共重32.88克拉

◀ **红碧玺镶钻吊坠**

主石重114.27克拉

红色碧玺未经热处理，颜色、净度皆佳，且重量达到100克拉以上，实属收藏级珍品。此吊坠展现出的红色色泽深沉瑰丽，极富魅力。周围采用粉色、黄色、蓝色等多色蓝宝石及钻石和沙弗莱石陪衬，于沉稳中见飘逸，颇具富贵荣华之气。

西瓜碧玺戒面售价可达40万元，平均每克拉1万多元。而普通的碧玺手链、项链均按克计价，几十元至几百元不等。

从几年前开始，碧玺作为古玩杂项、奢侈品珠宝中的一类小众藏品，在拍场上就有着不俗的表现。在2011年4月8日的香港苏富比春拍中，一串粉红色碧玺朝珠估价15万～20万港元，最终成交价达到人民币102.7万元，创下了碧玺拍卖成交价首次过百万元的纪录，也是迄今为止碧玺拍卖的最高价格。也有不少人质疑碧玺市场的走俏会不会是瞬间的爆发，但仔细观察就会发现，它有着正常的发展轨迹，强势吸金并不意外。早在1995年，香港苏富比拍卖公司率先把碧玺带上拍场后，碧玺的拍卖公司数量逐年递增，到2011年已激增到70家，2012年的春拍上也出现了一些新成立不久的拍卖公司拍卖碧玺的情况，如中联环球、艺融国际拍卖等。

据了解，目前碧玺占国内彩宝市场份额的20%左右，成为拍卖场上的一支新秀。从1995年拍场上出现的第一件碧玺鼻烟壶开始，清代碧玺到现在一直是碧玺拍场的主流品类。据统计，从1996年到2011年的15年间，碧玺拍卖总成交量为668件，其中清代碧玺物件占48%，现代碧玺作品成交量占48%，民国与明代的碧玺物件则数量较少，各占3.6%和0.4%。

▲ 清中期·双桃红碧玺葫芦挂件

　　此挂件葫芦状，素面，打磨光滑。通体呈桃
红色，颜色浓艳，内部为深红色，内外有较
明显的色彩变化，形成"双桃红"的效果，
自然天成，娇翠欲滴。葫芦口部雕枝叶为
錾，以便悬挂。上悬翠玉，与碧玺交相辉
映。葫芦在古代有多种吉祥寓意，一意为多
子，"葫芦"还和"福禄"谐音。

▶ 18K白金镶红碧玺吊坠项链

主石重33.56克拉

　　此款吊坠的碧玺颜色极佳，呈浓郁的玫瑰红色；纯净
透明，肉眼几乎看不到杂质，切工完美，十分难得。
设计师采用鲜花和枝叶陪衬的图案，突出了主石的魅
力，而精湛的制作工艺使这件作品显得分外靓丽。

　　现代碧玺作品为何也能分得半壁江山？有收藏家分析说："拍场上成交的清代碧玺物件虽多，但这并不代表清代的碧玺石料本身和加工工艺就是最好的。现在的开采工具和技术已经比那时候进步了很多，首先能开出好品质的石料，再有，现在的碧玺加工工艺水平很高，所以在拍卖场上拍卖的很多现代作品甚至比清代的作品更具有收藏价值。"

▼ "幽谷百合"首饰套装

设计师采用隐密式镶嵌渐变技法，将粉嫩动人的红宝石与璀璨的钻石、玫瑰金，幻化出如峭立幽谷，优雅脱俗的金百合花。花心由重达9克拉的碧玺构成，含情脉脉，宝石花瓣徐徐展开。翠绿欲滴的翠榴石与绿碧玺蜿蜒而上，于娴雅娇柔下掩藏着大自然蓬勃的生命力。

据资料显示，红色和绿色的碧玺最为常见和流行，但只有颜色深度达到中等的色彩才能称之为佳品，颜色过深或过浅，价格就会降低很多。在国际市场上，一般鲜红色、鲜蓝色的碧玺价格较高。广受藏家喜爱的是颜色纯正的红碧玺，品质优良的西瓜碧玺也是国际交易市场上的宠儿。绿色碧玺中铬碧玺有着鲜艳的绿色，可与祖母绿媲美，更是绿色系列碧玺中的珍品。同时，由于纯正蓝色的碧玺非常稀少，目前的市场价格几乎与艳红色的碧玺不相上下，所以蓝碧玺也是收藏的不错选择。

❀ 红色碧玺裸石

这是一颗带紫红色调的红碧玺裸石，颜色尚未达到红宝碧玺级别，其饱和度、亮度均属中上等。晶体透明，内部洁净，琢型为枕垫型，重达35.61克拉，长19毫米，宽19毫米，厚度为12.5毫米。这颗碧玺的市场售价每克拉约5000元，总价将近20万元人民币。

❋ 彩色碧玺珠链

　　这是一串彩色碧玺手链，珠粒直径为13毫米，颜色较丰富，内部有少许裂隙和杂质包裹体，透明度较好，这样一串手链的市场价格在50000元左右。由于珠粒直径大、色彩丰富，且净度较好，圆珠型的加工方法出品率较其他形状（如扁珠型、椭圆型、盘珠型等）更低，消耗更大，因此价格也更为高昂一些。

　　这串长链彩色碧玺珠链，颜色较上一串更为丰富，有紫红色、粉红色、浅红色、黄色、绿色、蓝色、橙色、棕色等，直径为6.5毫米，总重40多克。颜色饱和度、亮度及透明度均较高，内部裂隙与杂质包体较少，它的市场售价在每克500元左右。

由此可知，对于彩色碧玺珠链的价格，我们要从颜色丰富度、色调鲜亮度、珠粒的形状、直径的大小、净度、透明度等多方面考量。

❂ 碧玺镶嵌件

这是两枚红碧玺戒指，色调相近——为紫红色调；切工相同——为椭圆刻面型切工；镶嵌方式类似——在主石周围镶嵌两圈钻石，钻石质量与大小相同；戒托都为18K玫瑰金；碧玺主石都为4.5克拉。但是右图的戒指在市场上的售价比左图的戒指高出了近5000元，这是为什么呢？我们来逐步分析。首先，虽然两枚戒指色调相近，我们可以明显看出右图中碧玺的饱和度与亮度比左图中的碧玺稍高；其次，从图中可以看出，右图中碧玺的内部较左图中要更加干净，也就是净度会更高。由此可知，影响碧玺价格的因素是全方位的，稍有不同，价格也会有差异。

真假碧玺辨析

目前冒充碧玺最多的是水晶和玻璃——用无色水晶和玻璃染色来仿冒多色碧玺手链。

右图是用来仿冒天然糖果色碧玺或西瓜碧玺的加色白水晶珠串。

其具体处理方法是，先将白水晶磨成圆珠型、从珠子中心打孔，再通过特殊工艺对其进行"碎裂"处理，然后再加入染料染色。

鉴别特征如下：

第一，外观看颜色不清亮，感觉混沌不清不自然；

第二，近距离观察，可见颜色沿着裂隙和孔眼处浓集；

第三，如果原材料为玻璃，放大观察还可能会看到气泡等内含物。

这样的仿冒碧玺价格极其便宜，一条珠串的成本价可能只有10元左右。所以，价格也是我们购买碧玺时需要参考的因素，如果一件碧玺首饰的价格与市场价不符（如远远低于市场价），那么大家就要小心了，毕竟天上不会掉馅饼。

Chapter 4

专家答疑

1. 听说碧玺都是注胶处理过的，真的如此吗？注胶处理对佩戴有什么影响？

当你去购买碧玺的时候，肯定会在意你要购买的碧玺有没有经过优化处理，这时很多商家很可能会义正词严地告诉你，碧玺是必须经过注胶处理的，否则加工的时候会碎裂，根本加工不出成品来。其实这样的说法是十分片面的，对于碧玺的填充处理要明确以下几点。

首先，质量上乘的碧玺是不需要进行填充处理后再加工的。质量上乘的碧玺在加工过程中没那么容易破裂，附加的一些处理手段反而会降低碧玺的价值。可是为什么有的碧玺在加工前要进行一些特殊处理呢？

因为质量上乘的碧玺毕竟只占少数，大多数碧玺晶体的内部有包裹体和裂隙，这些才是碧玺在加工过程中容易破裂的罪魁祸首，为了避免原料破裂，增加出品率，一些碧玺原料在切割之前先做充胶处理，增加其黏合度及透明度。这样不仅可以提高碧玺的出产率，也降低了成本。

其次，充胶是碧玺的一种加工工艺，因为光面碧玺及大型的雕件碧玺在加工过程中容易磨损，出品率较低，充胶后可以解决这个问题。

充胶分为浸胶和灌胶两种，浸胶是为了固化，提升碧玺的出品率，而灌胶则是将无色胶换为有色胶，同时进行密封加压，使碧玺与胶的混合度更高，进而提升碧玺的颜色。

再次，充胶技术逐渐普及，仅凭肉眼判断碧玺是否经过注胶处理已经不可靠，特别是圆珠。所以，必须以权威的鉴定证书为标准。查看证书的备注部分，即可以判断出碧玺是否经过充填处理。充过胶的碧玺产品会在备注中标明"局部可见充填"或"部分颗粒可见充填"，没有经过充胶处理的，在备注中则无标注内容。

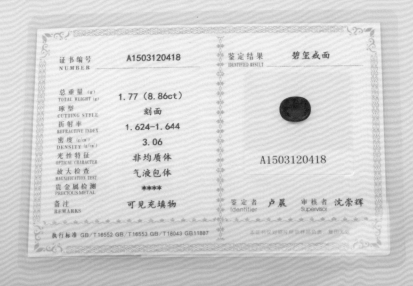

| 证书编号 NUMBER | A1503120418 | 鉴定结果 IDENTIFIED RESULT | 碧玺戒面 |

总重量 (g) TOTAL WEIGHT (g)   1.77 (8.86ct)
琢型 CUTTING STYLE   刻面
折射率 REFRACTIVE INDEX   1.624-1.644
密度 (g/cm³) DENSITY (g/cm³)   3.06
光性特征 OPTICAL CHARACTER   非均质体
放大检查 MAGNIFICATION TEST   气液包体
贵金属检测 PRECIOUS METAL   ****
备注 REMARKS   可见充填物

鉴定者 Identifier   卢晨
审核者 Supervisor   沈崇辉

A1503120418

执行标准 GB/T16552 GB/T16553 GB/T18043 GB11887

▲ 椭圆形刻面红碧玺裸石及中国地质大学珠宝鉴定证书

　　此碧玺裸石色泽艳丽，切割精细，附有中国地质大学珠宝鉴定中心出具的鉴定证书，证书"备注"部分标明此碧玺内部"可见填充物"。

2. 哪种颜色的碧玺价值最高？

目前，碧玺中以帕拉依巴碧玺的价位最高。这种顶级碧玺零售价可达每克拉2万美元以上。其他价值较高昂的颜色还有西瓜碧玺、含铬的绿碧玺、红宝碧玺等。

▲帕拉伊巴碧玺镶钻石吊坠

▲18K金镶天然红碧玺吊坠
主石重220克拉
红色碧玺硕大饱满，颜色极佳，闪耀动人。

▶绿碧玺钻石项链
方形切面碧玺，盈动透亮，沉稳优雅，配以彩金美钻辅饰，熠熠生辉，简约而经典。

3. 碧玺的产地会影响其价值吗？

碧玺的产地对其价值的影响并不像某些名贵宝石那样明显，如红宝石、蓝宝石、祖母绿等。而对于帕拉伊巴碧玺来说，有人认为只有在巴西出产的蓝绿−蓝色调的碧玺才能拥有"帕拉伊巴"的名号。但依照科学鉴定观点来说，只要成分内含有一定铜元素，即可称为帕拉伊巴碧玺，并不受到出产地的限制。但是持产地主义观点的宝石商及收藏者，仍视巴西帕拉伊巴地区出产的含铜锰元素的电气石为唯一可被称为"帕拉伊巴"的碧玺。因此部分珠宝商出售的巴西产帕拉伊巴碧玺会比其他产地的帕拉伊巴碧玺价格高。

▲ 绿碧玺镶钻戒指
主石重3.43克拉
绿色方形碧玺颜色青翠欲滴，透明度高，
周围群镶钻石，光彩夺目。

▲ 帕拉伊巴碧玺镶钻石项链
主石重3.26克拉
天然帕拉依巴碧玺，颜色绚丽夺目，配以
璀璨的钻石，星光熠熠。

4. 碧玺与其他宝玉石同时佩戴有禁忌吗？

经常看到很多朋友将不同种类的宝玉石手链佩戴在一起，既时尚，又有个性。对于这样的佩戴方式，有些朋友不禁有些担心，这么多不同种类的宝石同时佩戴，会不会有什么副作用，或者说它们的功效会不会相互抵消呢？其实我个人并不相信宝石的功效说，但不同种类的宝玉石一起佩戴，由于它们的硬度有所不同，硬度稍大的宝石会将硬度较小的宝石轻微磨损，从对宝玉石的保养方面来说，我不赞成将不同种类的宝玉石手链一起佩戴。

常见宝玉石的硬度大小如下。

钻石＞红宝石、蓝宝石＞金绿宝石＞尖晶石、托帕石＞祖母绿、海蓝宝石、各色绿柱石＞碧玺＞各色水晶、翡翠＞软玉、坦桑石、橄榄石

▲ 红碧玺配钻石戒指
主石重21.08克拉
椭圆形红色碧玺色彩斑斓，娇艳可人，周围及指环部分密镶钻石，设计婉约高贵。

▶ 绿碧玺吊坠项链
主石重14.67克拉，配石重2.37克拉

◀ 梨形红碧玺配钻石戒指
主石重17.5克拉
此碧玺体形硕大，色泽浓烈，是不容错过的珍品。

5. 碧玺会有辐射吗？ "辐照碧玺"会有辐射吗？

辐照是人工优化处理碧玺的方法之一。

"辐照、辐射"是会令很多人闻之色变的字眼。市场上流传着很多关于宝石有辐射或者经过"辐射"处理的宝石对健康不利等传言，这些都是真的吗？

在常见的天然宝石中，只有天然锆石可能会含有放射性元素，其他常见的宝石均不会含有放射性元素，碧玺也不例外，因此碧玺不可能产生辐射。

"辐照处理"是指利用高能粒子对宝石材料进行轰击，使其结构产生缺陷从而改变或改善宝石颜色的一种方法。运用不同种类的高能粒子，改变宝石颜色的效果不一样，有的效果稳定，有的效果不稳定，甚至有的处理方法不当会残留放射性。但大家不要对此心存恐惧，因为绝大部分情况下，辐照处理后的碧玺十分安全。有的宝石（如水晶）辐照属于优化方法，是不需要说明的，即已经被市场和大众接受，有些宝石（如钻石）进行辐照属于处理方法，必须明确告诉消费者。

▼ 18K金镶素面红碧玺吊坠
主石重26.67克拉
红碧玺灿如明霞，艳若桃花，在奢华的钻石和玫瑰金的映衬下，神秘华贵。

▲ 桃红色碧玺镶钻戒指
主石重42.29克拉
桃红色碧玺，色正美艳，清澈动人，配以天然彩色蓝宝石、钻石和金银相衬的火焰纹，奢华夺目。

▲ 彩色碧玺吊坠

6. 热处理对碧玺的品质有影响吗？

"加热"是碧玺的优化处理手段，我们称之为"热处理"。很多人担心热处理后的碧玺丧失了天然性，品质也会受到影响。但果真如此吗？让我们先来了解一下"优化处理"的概念，也许你的想法就会发生改变。

按照国家标准，除了对宝石的切割、抛光之外，任何改善宝石外观的人为手段都属于优化处理。不过，"优化"和"处理"不同，"优化"是指那些广泛被认可接受的改善外观的方法，在商业交易中可以不必说明，仍然被视为天然；而"处理"是指那些尚不能被人们接受的改善外观的方法，在商业交易中必须明确说明，否则属于敲诈。而"加热"的确可以改善宝石的外观，但按照国家标准，所有对宝石的热处理都属于优化，是不需要特别说明的，仍然将其视为天然宝石。

所以，不要再为碧玺的加热问题而苦恼，因为你已经知道，热处理不会影响碧玺的品质，并且效果也是稳定而持久的，它会让碧玺更加靓丽迷人。

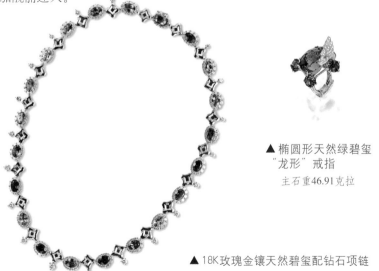

▲ 椭圆形天然绿碧玺
"龙形"戒指
主石重46.91克拉

▲ 18K玫瑰金镶天然碧玺配钻石项链

7. 西瓜碧玺只有红-绿两种颜色吗？

西瓜碧玺是碧玺中非常稀有的品种。由于其中心为粉红色，边缘为绿色，整体酷似西瓜的果肉和果皮，因此得名。但西瓜碧玺真的只有这两种颜色吗？其实不然，西瓜碧玺还有红—蓝、红—绿蓝等，甚至还可能在同一块碧玺上出现两种以上的颜色，如红—黄—绿、红—黄—蓝、红—黑—褐—绿等。

最好的西瓜碧玺如同一刀切开的西瓜一样，周边是一圈"绿皮"，中间是"红瓤"。这种西瓜碧玺的原矿要求纵轴的轴心是红色，而轴心外沿是绿色。从这种要求来看，能达到宝石级的西瓜碧玺非常少，且碧玺晶体的横截面一般比较小，不适合表现宝石的美，所以宝石界承认的西瓜碧玺的范围较大，即在一块宝石上呈现出明显的红—绿或红—蓝两种色系的碧玺就称为西瓜碧玺。含两种颜色以上的碧玺有时也称为"双色碧玺"或"多色碧玺"。

▶ 西瓜碧玺镶钻吊坠

▲ 蓝绿色碧玺裸石
　65.65克拉

8. 碧玺首饰可以沾水吗？需要定期清洗吗？

碧玺是一种复杂的硅酸盐矿物，化学性质十分稳定，因此不用担心它不能沾水。即使与皮肤长期接触，汗液对它也不会产生侵蚀，普通的洗涤用品对它也不会产生影响。但要注意，如果您的碧玺首饰含有较多的裂隙，还是要远离洗涤用品，因为那些酸性或碱性的溶液可能会沿着裂隙渗入，对碧玺的耐久性产生影响。

碧玺不用定期清洁，即使不小心弄脏，用清水冲洗或用酒精擦拭即可。

▶ 碧玺〝猴子偷桃〞吊坠

▲ 彩色碧玺胸针
胸针设计成拿着气球的小姑娘形象，五彩缤纷的彩色气球，小姑娘的衣裙发饰都用碧玺装扮，表达出设计者的童心。胸针造型别致，尽显青春俏丽之姿。

▶ 红碧玺弥勒吊坠
主石重75.35克拉
吊坠主石饱满，颜色艳丽。弥勒大腹便便，笑容和蔼，慈眉善目。

9. 碧玺的颜色会随着时间的推移改变吗？颜色会越来越浅吗？

宝玉石中确实有极少数宝石和玉石在经过阳光照射或者浸水后，颜色色调与深浅会有些许改变，但对于碧玺来说，它们的颜色非常稳定，绝不可能随着时间的推移而改变。如果你发现佩戴的碧玺首饰颜色发生改变，那只有一个可能——碧玺的颜色不是天然形成的。

褪色或者颜色改变只能是染色或镀膜碧玺，有些奸商通过染色或者镀膜来改善碧玺的颜色，提高它们的价值，但染在碧玺表面的颜色很不稳定，染料会随着佩戴时间的推移而慢慢掉落，颜色也就变浅了；镀膜碧玺的膜层会随着时间的推移脱落，从而露出碧玺的本色，颜色也就变了。

如果您对碧玺的颜色有所怀疑，不妨用下面的方式检验一下。用棉签蘸取少量酒精或者丙酮（日常生活中可以用指甲油代替），轻轻擦拭碧玺表面，如果颜色是染上去的，通常都会褪色并在棉签上留下相应的颜色。

▶18K白金镶素面桃红色碧玺吊坠

主石重65克拉
天然桃红色碧玺颜色浓郁艳丽，配镶璀璨钻石，款式简洁典雅。

▲ 天然碧玺耳坠

◀18K玫瑰金红碧玺镶钻吊坠

主石重15.98克拉
碧玺色泽艳丽，在玫瑰金及钻石的映衬下，更显时尚和青春。

10. 一定要购买内部毫无瑕疵的碧玺首饰吗?

很多人购买碧玺首饰太过于追求完美——只购买内部完全洁净的碧玺。在宝石生长的漫长过程中,任何环境的变化或多或少都会在宝石中留下痕迹,然而宝石的生长通常需要数百万年,在这么漫长的时间里,宝石所处的自然环境不可能一成不变。因此,真正完美无瑕的碧玺不能说没有,但至少比较少见,价格也会比一般的碧玺昂贵许多。

我们应该理性地看待碧玺内部各种各样的包裹体。首先,包裹体是天然碧玺最强有力的证据。其次,部分特殊的包裹体不但不会降低碧玺的价值,甚至深得矿物收藏家的喜爱,反而会提高它的价值。再次,在追求碧玺纯净无瑕的同时不能过犹不及,要看包体对碧玺的影响,如果它大大地影响到碧玺的美观甚至是碧玺的耐久性,

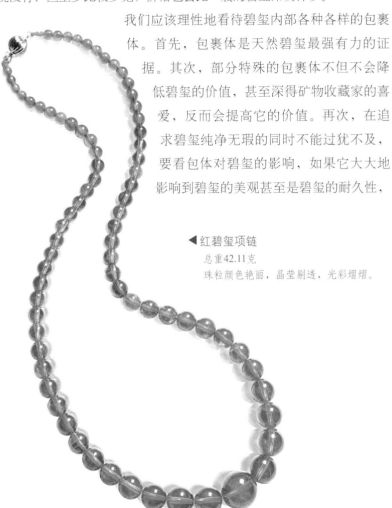

◀红碧玺项链
总重42.11克
珠粒颜色艳丽,晶莹剔透,光彩熠熠。

可以考虑放弃；如果总体看起来包体对碧玺的外观没有太大的影响，价格也合理那就欣然接受吧，因为这些"瑕疵"内含物不但能证明你的碧玺是天然的，同时也让它变得更加独一无二，美丽动人。

另外，一味地追求高净度，还有可能掉入合成碧玺的危险，因为合成碧玺在人工实验室里生成，实验室可以给它提供稳定的环境、合适的组分浓度，因此，合成品总是颜色鲜艳且完美无瑕，但是，合成碧玺比天然碧玺的价格低廉许多，也没有保值、升值的空间，如果你以天然碧玺的价格购买到合成碧玺，那就上当了。但如果您只为了装饰，又接受不了天然碧玺的瑕疵，这样，价廉物美的合成碧玺也是不错的选择。

◀ 18K白金碧玺吊坠

此吊坠设计独特，碧玺色泽艳丽，通透度高。镶嵌钻石及蓝宝的豹子生动形象，跃跃欲试，整体造型时尚靓丽。

▼ 蓝碧玺裸石

63.9克拉

裸石呈长方形，体积硕大，透明度高，切工精细，是收藏佳品。

11. 什么叫"碧玺猫眼"？

碧玺猫眼是碧玺的一种。准确来讲，"猫眼"并不是碧玺的一个特殊名称，而是某些宝石上呈现的一种光学现象，即磨成半球形的宝石用强光照射时，表面会出现一条细窄明亮的反光带，很像猫的眼睛，我们称之为"猫眼效应"。碧玺猫眼效应的产生是因为碧玺内部生长着平行的管状包裹体，当这种包体达到一定的密度，在垂直平行包裹体的方向会在平行光源照射下形成一条亮线。碧玺猫眼相比其他种类的碧玺来说，产量较少，价值相对珍贵，收藏价值较高。

碧玺的猫眼效应常出现在绿色碧玺和红色碧玺中，投资收藏碧玺猫眼时要注意从以下几个方面来观察和评价碧玺猫眼的质量和价值。

▶ 猫眼碧玺吊坠

第一，观察猫眼的闪光线。将一块猫眼碧玺放在聚光的手电筒或直射的阳光下照射，闪光线越平直、细密，越明亮其品质越好，价值也就越高。

第二，观察碧玺的颜色。通常情况下，猫眼碧玺的颜色鲜艳度都不够好。比如在金色碧玺猫眼中，色泽偏灰白、偏绿、偏黄以及颜色较浅的品质都一般，最好的呈透明的蜂蜜色。

第三，观察晶体的纯净度。碧玺猫眼内含的冰裂纹和包裹体等瑕疵越少，其品质价值越高。

碧玺猫眼的品质和价值主要受其纯净度、成色、猫眼线的位置及颜色的影响。质地上乘的猫眼碧玺，晶体通透明亮，颜色亮丽鲜明，眼线位于碧玺的弧面中央。另外，由于碧玺内含许多冰裂纹和包裹体，因而晶体通透纯净的猫眼碧玺非常罕见，价值极高。

▲ 蓝色猫眼碧玺耳坠、戒指

产自巴西的猫眼蓝色碧玺颜色鲜艳饱满，清透中流露出亲切，在钻石与粉色蓝宝的映衬下，给人无限自由及喜悦之感。

12. 为什么外观看起来差不多的碧玺首饰，价格会差很多？

首先，碧玺的不同品种是决定价格的基础，比如帕拉伊巴碧玺肯定要比普通的蓝碧玺贵很多，这是由帕拉伊巴碧玺的稀有性决定的。

▲ 帕拉伊巴碧玺镶钻戒指
主石重4.21克拉

▶ 帕拉伊巴碧玺镶钻吊坠
主石重8.68克拉
此吊坠主石呈椭圆形改良明亮式切磨工艺，配以小钻，璀璨耀眼。

其次，镶嵌碧玺的贵金属材质同样也是决定首饰价格的重要因素。看起来一样的白色金属，其材质可能是铂金（Pt）、K白金（Au）或银（Ag）。一般来说，铂金的价格高于K金，K金的价格高于银。但即使品种相同，还要注意金属的含金量，一般来说，含金量越高，价格越贵。

▲18K白金镶碧玺项链

最后，碧玺本身的品质也是决定其价格的关键。前面已经讲过，碧玺的品质取决于宝石的颜色、透明度、净度、切工、重量等几个方面。尽管色调相同的碧玺，由于不同的透明度和饱和度，价格会不同，通常情况下，碧玺的透明度越高，其价格也会越高，但对于碧玺猫眼，半透明则最为理想。净度我们前面也专门讨论过，除去特别的具有收藏价值的包裹体，一般来说，内外部瑕疵越少，价格越高。

▲ 红碧玺裸石
87.05克拉

同样品质的碧玺当然是越大越贵，但需要说明的是。宝石的价格与重量之间并不是简单的线性关系。例如，5克拉较高品质的红宝碧玺价格约为15000元，而10克拉同样品质的红宝碧玺的价格绝不是简单的30000元，而是远高于这个价格。宝石的重量又与切割比例密切相关，看起来大小差不多的宝石，由于厚度不同，重量可能会有较大的差异。这也就是为什么有时候看起来大小差不多、品质级别也差不多的碧玺，价格却相差数倍的原因。

▲ 碧玺手链

▶ 18K金镶绿碧玺吊坠
主石重11.74克拉
此吊坠设计新颖，天然长方形绿色碧玺采用祖母绿式切割，沉稳、华美。

▼ 帕拉伊巴碧玺镶钻项链

主石重15.47克拉

完美的帕拉伊巴碧玺呈水滴形镶嵌于群镶钻石的吊坠之中，颜色艳丽，姿态华美。项链均镶嵌钻石，设计简单低调。

▶18K金镶梨形红碧玺吊坠

主石重13.5克拉

碧玺颜色浓郁、淳厚，梨形切割使吊坠整体造型流畅丰满。主石周围用钻石加以衬托，更显其华丽大气。

参考文献

[1] 张蓓莉.系统宝石学 [M].北京：地质出版社，2006

[2] 周国平.宝石学 [M].北京：中国地质大学出版社，1989：348－356

[3] 包德清.实用宝石加工工艺学 [M].武汉：中国地质大学出版社，1995：218－220

[4] 吕林素.珠宝鉴定与商贸实务 [M].北京：中国轻工业出版社，1995

[5] 陈忠惠，颜慰萱，欧阳秋眉等.珠宝首饰英汉－汉英词典（下册，修订版）[M].武汉：中国地质大学出版社，2003，22

[6] Jaroslav Hyrsl.新发现的、罕见的猫眼宝石和星光宝石 [J].宝石和宝石学杂志，2002，4（2）：47

[7] 申柯娅，王昶.碧玺鉴赏与质量评价 [J].中国宝玉石，2001（1）：76

[8] 邓常　，王铎，徐彬等.碧玺充填探讨 [J].宝石和宝石学杂志，2009，11（3）：42－43

[9] 王雅玫，杨明星.中低档宝石的充填处理 [J].宝石和宝石学杂志，2008，10（4）：23－28

[10] 陈武，钱汉东.电气石族宝石矿物（碧玺）的成分与其成因产状的关系，宝石和宝石学杂志，2001（04）：57－61

[11] 邓常，曹姝旻，王铎，徐彬，白帆.充填处理碧玺的鉴定及命名 [J].中国宝石，2009（3）：132

[12] 洪汉烈，李晶，杜登文，钟增球，殷科，王朝文.彩色电气石致色

离子的化学状态研究［J］.宝石和宝石学杂志，2011（2）：6～12

［13］James E.Shigley、余平.巴西"帕拉巴"碧玺近况，珠宝科技［J］.2002（4）：49－51

［14］ladimir S.Balitsky.红外吸收谱带及其鉴定价值［J］.宝石和宝石学杂志，2004（12）

［15］吕林素.碧玺的加工方法［J］.超硬材料，2006（5）：57

［16］罗泽敏、陈美华.新疆可可托海碧玺热处理工艺探索及谱学特征［J］.宝石和宝石学杂志，2008（1）

［17］马瑛、张天阳.充填碧玺安全吗［J］.中国宝石，2011（11）：222－223

［18］欧盟委员会条例（EC）No.552/2009修订关于欧洲议会和理事会关于化学品的注册、评估、监管和限制的条例（EC）No.1907/2006（REACH法规）中的附件XVII，2009

［19］彭明生、王后裕.电气石中水的振动谱学研究及其意义［J］.矿物学报，1995（4）：372－377

［20］任飞.内蒙电气石特性、加工及利用研究［C］.东北大学，2005

［21］邵晓蕾、狄敬如、丁莉.铅玻璃充填碧玺初探［J］.宝石和宝石学杂志，2011（3）：7－8

［22］申柯娅、王昶.碧玺鉴赏与质量评价［J］.中国宝玉石，2001（1）：76－76

［23］孙双.电气石矿物材料的加工及其应用基础研究［J］.吉林大学，2010

［24］唐雪莲、马红玲.云南深色电气石的热处理工艺实验研究［J］.超硬材料工程，2010（1）：55－57

［25］王雅枚.中低档宝石的充填处理［J］.宝石和宝石学杂志，2009

（9）：61

[26] 汪建明.宝玉石赏析（5）——碧玺[J].地质学刊，2011（01）：3

[27] 王铎，陈征，邓常.宝石有机胶充填的探讨[J].宝石和宝石学杂志，2012（04）：16－22

[28] 王春雨，李洋，孙英杰.近红外光谱仪研究[J].工程与试验，2012（4）：65－67

[29] 韦薇.碧玺的鉴定[J].广西轻工业，2009（6）：112

[30] 吴瑞华，白峰.辐照处理对碧玺物理性质的影响[J].岩石矿物学杂志，1998（4）：371－377

[31] 许文花等.电气石的结构、性质与应用[J].材料报网刊，2008（3）

[32] 杨如增，陈海生.天然黑色电气石热释电特性的研究[J].宝石和宝石学杂志，2000（1）：34－38

[33] 袁婷.同一方向碧玺的红外光谱学特征[J].超硬材料，2008（6）：14－17

[34] 张学凯.云南优质碧玺产区及其特征[J].珠宝科技，1993（1）：17－21

[35] 邹天人，杨岳清.中国电气石（碧玺）的颜色与成分[J].矿床地质，1996（S2）：65－68

[36] 张良钜.碧玺的宝石学特征[J].桂林工学院学报，1996（3）：291－297

"从新手到行家"
系列丛书

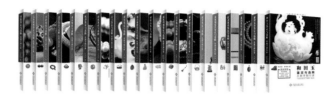

《和田玉鉴定与选购
从新手到行家》

定价：49.00元

《南红玛瑙鉴定与选购
从新手到行家》

定价：49.00元

《翡翠鉴定与选购
从新手到行家》

定价：49.00元

《黄花梨家具鉴定与选购
从新手到行家》

定价：49.00元

《奇石鉴定与选购
从新手到行家》

定价：49.00元

《琥珀蜜蜡鉴定与选购
从新手到行家》

定价：49.00元

《碧玺鉴定与选购
从新手到行家》

定价：49.00元

《紫檀家具鉴定与选购
从新手到行家》

定价：49.00元

本书要点速查导读

碧玺

鉴定与选购

从新手到行家

不需要长篇大论，只要你一看就懂

胡　葳　编著

U0353809

文化发展出版社

Cultural Development Press